LEÇONS ÉLÉMENTAIRES

DE

CHIMIE AGRICOLE

PAR

Paul SABATIER

Professeur de chimie à la Faculté des Sciences de Toulouse.

PARIS
G. MASSON, ÉDITEUR
120, boulevard Saint-Germain.

TOULOUSE
Me GIMET-PISSEAU, ÉDITEUR
Rue Gambetta, 66.

1890

LEÇONS ÉLÉMENTAIRES

DE

CHIMIE AGRICOLE

LEÇONS ÉLÉMENTAIRES

DE

CHIMIE AGRICOLE

PAR

Paul SABATIER

Professeur de chimie à la Faculté des Sciences de Toulouse.

PARIS
G. MASSON, ÉDITEUR
120, boulevard Saint-Germain.

TOULOUSE
Me GIMET-PISSEAU, ÉDITEUR
Rue Gambetta, 66.

1890

PRÉFACE

Nous avons cherché dans le présent ouvrage à développer sous une forme simple les principes fondamentaux qui doivent diriger la production des récoltes et l'amélioration du sol. Quels sont les besoins nutritifs des plantes, quelles ressources leur offre la terre des champs, quels moyens permettent d'accroître ces ressources, si elles sont reconnues insuffisantes ? La solution de ces problèmes est le but principal de ce livre, écrit surtout d'après les notes d'un cours professé à la Faculté des Sciences de Toulouse, et qui, par suite, conserve le caractère de ces leçons et ne prétend nullement être un traité complet. Beaucoup de renseignements utiles qui y figurent ont été empruntés à divers ouvrages plus étendus, et en particulier à l'excellent traité : *les Engrais*, de MM. Müntz et Girard.

La question de la fixation de l'azote atmosphérique sur la terre végétale, nue ou cultivée, a été dans ces dernières années l'objet de vives controverses; aussi, nous lui avons accordé une grande place dans un chapitre spécial.

On trouvera dans des notes placées en supplément la description de plusieurs méthodes simples d'analyses agricoles qui peuvent être pratiquées avec avantage par des personnes peu familiarisées avec les opérations de laboratoire. Une note fournit quelques renseignements sur les décisions prises par le Congrès international de chimie, tenu à Paris au mois d'août 1889, au sujet des analyses de terres.

Pour faciliter l'intelligence de ces leçons, et plus généralement des travaux publiés sur la chimie agricole, nous avons placé à la fin du volume un petit dictionnaire alphabétique, donnant quelques notions très élémentaires sur les corps simples ou composés, qu'on rencontre le plus souvent dans la chimie agronomique.

Nous espérons que ce modeste ouvrage pourra être de quelque utilité pour les agriculteurs, qui seront ainsi préparés à lire avec fruit les traités complets ou les mémoires spéciaux.

LEÇONS ÉLÉMENTAIRES

DE

CHIMIE AGRICOLE

INTRODUCTION.

L'agriculture ancienne est née tout entière de l'observation ; elle fut faite des résultats accumulés pendant une longue série de siècles par les efforts incessants des hommes. Après une infinité de tâtonnements, certaines traditions culturales finirent par s'établir et furent transmises de proche en proche par les peuples, qui les regardèrent comme le résultat d'une intervention surnaturelle et divine.

Les premiers hommes vivaient surtout du produit de la chasse et de quelques fruits sauvages arrachés aux arbres des forêts. Parmi les végétaux innombrables qui couvraient le sol, ils en distinguèrent quelques-uns pouvant servir à leur nourriture ; ils apprirent à les reconnaître au milieu de tous les autres, et ils s'occupèrent à les rechercher. Les ayant vus par hasard sortir d'une graine, grandir, puis donner un grand nombre de graines, ils eurent l'idée de les semer. Il fallait pour cela leur réserver la terre, en éliminant les autres plantes inutiles, et le travail du sol, ainsi désigné comme nécessaire, se perfectionna peu à peu. C'est sans doute de cette manière que le blé fut conquis : jadis plante sauvage de la région de l'Euphrate, il devint la culture principale, la plus importante de toutes, parce que c'est du blé que l'homme tire la plus grande partie de sa subsistance quotidienne.

Mais après une longue période de culture, le champ que l'on ensemençait chaque année parut se fatiguer : la production devint de plus en plus faible. On pensa qu'il vieillissait comme les hommes eux-mêmes, et on l'abandonna pour aller un peu plus loin cultiver un terrain encore vierge. Plusieurs années après, le premier champ délaissé avait repris l'aspect des sols vierges ; on y revint et on trouva qu'il pouvait de nouveau produire une récolte assez bonne. Mais cette fois le vieillissement revint plus vite, et on l'abandonna encore aux végétations spontanées et inutiles des plantes vivaces.

C'est ainsi que fut d'abord pratiquée la culture des céréales, limitée aux terres les plus fertiles dont on exploitait annuellement une faible partie, une longue période de repos séparant une série de récoltes de la série suivante.

La terre devenant moins abondante par l'accroissement du nombre des hommes, on chercha à lui faire produire davantage, en abrégeant la durée des repos : on arriva ainsi à laisser le champ inoccupé pendant une année après chaque récolte de céréales, et comme l'ameublissement du sol avait été reconnu favorable, l'année du repos fut consacrée au travail du sol fatigué. C'est le système de la *jachère alternante*, tel que l'employaient fréquemment les Grecs et les Romains, tel qu'on le suit encore dans bien des contrées, par exemple en Algérie.

Puis on essaya avec succès les *cultures dites de*

jachère, telles que les pois, les lupins, les vesces, qui alternaient avec le blé, sans porter à celui-ci un préjudice notable. Virgile, dans ses *Géorgiques*, indique nettement cette pratique; il précise quelles plantes peuvent ainsi succéder au froment, tandis que d'autres, comme l'avoine ou le lin, brûleraient le sol, à moins, dit le poète, qu'un *fumier gras ou les sels de la cendre* ne viennent ranimer sa vigueur épuisée. C'est sans doute le hasard qui avait fait connaître les bons effets de ces engrais qui, du reste, n'étaient pas les seuls employés par l'agriculture romaine. Virgile recommande pour l'amendement des vignes d'y porter des débris de coquillages, et l'usage des marnes pour améliorer certains sols semble remonter à la même époque.

On avait déjà fait sur la nature des terres des observations utiles, l'expérience ayant montré que tel champ convenait plus spécialement à telle ou telle culture. On savait qu'il est bon de dessécher les sols trop humides, d'irriguer les sols trop secs. On savait aussi que la semence dégénère quand on n'y prend garde, et le principe si fécond de la sélection des graines à semer, se trouve énoncé clairement au premier livre des *Géorgiques*.

Le moyen âge oublia plus qu'il ne perfectionna. Les vieilles pratiques romaines ne furent reprises qu'au seizième siècle, qui ouvrit pour l'agriculture une ère de progrès incessants. Les assolements furent variés; des plantes nouvelles, mises en grande culture, vinrent apporter aux céréales un concours précieux pour la nourriture des hommes ou l'alimentation des animaux. Malheureusement ce ne furent encore que des conquêtes de détail; dans l'ensemble, l'agriculture du dix-huitième siècle n'était pas beaucoup plus avancée que celle de Virgile, parce qu'elle reposait surtout sur l'empirisme et les idées *a priori*.

Dans l'étude des phénomènes du monde physique, quels qu'ils soient, la base de tout système doit être l'observation, précise, rigoureuse, dégagée de toute doctrine préconçue. De l'ensemble des faits, bien établis en toute certitude, on pourra tirer *a posteriori* des explications synthétiques, qui seront peut-être erronées, mais où la cause d'erreur sera réparable, puisque la base est la vérité. La méthode expérimentale n'existait pas au moyen âge, où on procédait inversement par le raisonnement philosophique *a priori*. Mais elle apparut toute-puissante et féconde avec Galilée, Newton, Pascal, Descartes, et l'agriculture dut nécessairement participer à ce grand mouvement des esprits.

On commença à instituer des expériences agricoles : le plâtrage des prairies fut sans doute une de leurs conquêtes, et celui qui s'en fit le principal vulgarisateur et sut en démontrer l'utilité d'une façon si originale, Franklin, était en même temps qu'agronome, un expérimentateur éminent des phénomènes physiques.

La chimie demeura plus longtemps livrée aux philosophes ; ce n'est guère que notre grand Lavoisier qui sut l'en dégager tout à fait, et son génie merveilleux comprit bien de quelle utilité la science nouvelle serait pour l'agriculture.

La *terre* était encore au dix-huitième siècle quelque chose de mystérieux et d'impersonnel. On n'ignorait pas cependant que tantôt elle est féconde et peut porter d'abondantes récoltes, tantôt elle est stérile et se refuse à toute production ; l'empirisme avait pu définir les caractères de l'une et de l'autre, mais à cette propriété d'être bonne ou mauvaise, il était impossible d'assigner une cause justifiée.

D'ailleurs, on n'était pas mieux renseigné sur la plante : le sol lui sert-il seulement de support, ou bien lui fournit-il ses sucs nourriciers ? Et si le sol nourrit la plante, d'où vient que des récoltes énormes se succèdent sur un même champ sans en diminuer la matière? comment peut-il se faire que dans le creux des rochers, des végétaux, parfois même de grands arbres, se développent comme sur une terre fertile?

Pendant des siècles les hommes restèrent à côté de ces problèmes sans se les poser : c'est que jadis et en réalité jusqu'à Lavoisier, l'invariabilité de poids de la matière, cette notion qui, aujourd'hui, nous semble presque évidente, était absolument méconnue. On concevait très bien sans s'en étonner, que la petite plantule issue d'un gland donnât un chêne géant, alors même que la terre ne lui eût rien fourni. L'être vivant croissait, c'était sa destinée philosophique. La terre demeurait immuable, c'était aussi sa destinée; quant aux variations de poids, qui donc s'en fût inquiété?

On comprend que, dans ces conditions, l'intelligence des phénomènes agricoles fût bien difficile. On mettait du fumier, parce que le plus souvent on s'en était bien trouvé, mais on n'avait aucune idée de son rôle véritable : « *Le fumier,* disait Olivier de Serres, *réjouit, réchauffe, dompte et rend aisées les terres.* » Ce rôle thermique des engrais, qui est réel dans certaines cultures intensives, avait le plus frappé l'imagination des agronomes.

Dans ces ténèbres profondes, la chimie vint porter la lumière, en nous apprenant ce qu'est la plante et ce qu'est le sol. Aujourd'hui, nous savons que la matière de la plante ne peut venir que de la graine qui lui a donné naissance et du milieu où elle vit. Habituellement, ce milieu est la terre pour les racines, l'air pour la plante proprement dite. C'est donc de l'air et de la terre, de l'un ou de l'autre, ou bien de tous les deux, que la plante tire sa substance, dont le poids atteint parfois des millions de fois celui de la semence.

La chimie peut analyser n'importe quelle substance,

c'est-à-dire reconnaître quels éléments y figurent et dans quelles proportions : elle a analysé la plante, l'air, le sol.

Les végétaux sont tous constitués par un petit nombre de corps simples. Si on chauffe dans un tube à essai un fragment de végétal, il se dégage d'abord beaucoup de vapeur d'eau, qui se condense en partie sur les parois du tube; la matière devient noire, et il reste du charbon. C'est ainsi que l'on prépare le charbon de bois, lorsqu'on calcine le bois en vase clos, ou bien qu'on le soumet en meules à une combustion partielle très incomplète. Il y a donc, dans la plante, du carbone et les éléments de l'eau, oxygène et hydrogène.

Il y a aussi de l'azote, car si on examine de plus près les gaz qui se dégagent pendant la calcination, on y trouve de l'ammoniaque, c'est-à-dire une combinaison d'hydrogène et d'azote.

Si au lieu de calciner la plante dans un vase étroit, où l'accès de l'air est difficile, on la chauffe au contact de l'air, le charbon brûle, et il reste une matière grise bien connue, c'est la cendre, partie minérale du végétal. La cendre renferme en proportions variables un assez petit nombre de corps, de la potasse, de la chaux, de l'acide phosphorique, de la magnésie, de la silice, etc.

Ces diverses matières trouvées dans les plantes, existent aussi dans le corps des animaux, et cette coïncidence de composition ne doit pas nous étonner, puisque les animaux procèdent tous du règne végétal, directement s'ils sont herbivores, indirectement s'ils se nourrissent d'herbivores.

Ainsi :

Carbone,
Hydrogène,
Oxygène,
Azote,
Matières minérales,

tels sont les éléments constitutifs de la plante, qui nécessairement doit les tirer de l'air ou du sol.

L'air formé principalement par un mélange d'azote et d'oxygène, renferme aussi de petites quantités d'autres substances, acide carbonique, eau, ammoniaque, acide nitrique.

La composition des sols est très variable, et cette variabilité, opposée à la constance à peu près parfaite de l'atmosphère, permet déjà de prévoir leur aptitude inégale à la nourriture des plantes. Cependant on y rencontre toujours, en dose plus ou moins considérable, les matières minérales qui figurent dans les cendres végétales. On y trouve aussi de l'eau, ainsi qu'une matière organique brune, analogue en quelque manière à la substance vivante, renfermant à la fois du carbone, de l'hydrogène, de l'oxygène et de l'azote : c'est l'humus.

Ainsi qu'on le verra plus loin, l'air et le sol collaborent à la nutrition végétale. L'air fournit surtout le carbone, le sol donne les matières minérales et la majeure partie de l'azote ; l'eau, provenant du sol ou de l'atmosphère, apporte à la plante l'hydrogène et l'oxygène nécessaires à son développement.

Nous pouvons donc indiquer déjà dans leur ensemble les conditions de fertilité. Un sol fertile sera celui qui contient sous un état aisément utilisable tout ce qui est nécessaire pour l'alimentation du végétal en minéraux, en eau, en azote. Certains sols seront infertiles, s'il leur manque totalement ou à peu près quelque élément essentiel.

Mais on peut apercevoir qu'un nouveau problème se pose : c'est la manière de rendre fertiles les terres qui ne le sont pas. La théorie de cette amélioration est désormais très simple ; il suffira toujours de donner au sol ce qui lui manque, par des amendements ou des engrais convenablement choisis.

Toutefois il ne faudra jamais perdre de vue que

l'agriculture est une industrie et non une science pure ; elle doit produire le plus possible, mais aussi le plus économiquement possible, et, dans certains cas, il pourra être avantageux de conserver sans la corriger une terre médiocre, si l'amendement de la terre ne doit pas être largement rémunéré par l'accroissement de production. Il y a là un problème économique dont la solution générale est impossible, mais qui demandera pour chaque cas particulier une discussion approfondie.

Dans cette discussion, la chimie devra servir de guide; car elle seule peut dire ce qui manque à un sol, ce qui lui est indispensable ou ce qui lui serait seulement utile. En nous apprenant ce que chaque récolte enlève, elle nous préviendra du moment où la nécessité de l'amélioration sera manifeste.

On a dit avec quelque raison qu'un chimiste théoricien serait un très mauvais agriculteur; cela est vrai, à moins cependant qu'il n'ait fait l'apprentissage de la pratique, et qu'il ne tienne un compte rigoureux du prix de revient. *Mais,* comme Davy le faisait observer dès 1825, *de deux hommes également instruits dans la pratique, celui qui connaîtra la chimie réussira le mieux.*

CHAPITRE PREMIER

L'AIR

Composition de l'air. — Jusqu'à la fin du siècle dernier, l'air fut considéré comme un élément simple. En 1775, la célèbre expérience de Lavoisier établit d'une manière irréfutable que l'air est formé par le mélange de deux gaz incolores comme lui-même. Ces deux gaz, physiquement semblables, sont au contraire très différents par leurs propriétés intimes. L'un est remarquable par son activité chimique, c'est l'*oxygène;* l'autre se distingue par sa neutralité, par son inaptitude à la combinaison, c'est l'*azote.*

Voici deux vases de verre paraissant identiques : celui-ci contient de l'oxygène, celui-là de l'azote. Dans ce dernier, introduisons une bougie allumée; nous la voyons s'éteindre aussitôt. Un fragment de phosphore qui brûlait violemment dans l'air, s'éteint aussi quand nous le mettons dans l'azote. Un petit oiseau, placé dans le même gaz, s'affaisse presque instantanément, et périrait asphyxié si nous l'y maintenions quelques minutes. L'azote est donc incapable d'entretenir les combustions, incapable aussi d'entretenir la respiration des animaux.

Dans l'autre vase, qui renferme de l'oxygène, introduisons la bougie enflammée; non seulement elle ne s'éteint pas, mais elle brûle avec un éclat extraordinaire et se consume beaucoup plus vite que dans l'air. Une allumette de bois ne présentant plus que quelques points incandescents, se rallume vivement et continue à flamber avec un vif éclat. Un fragment de phosphore, préalablement enflammé, puis introduit dans le flacon, produit une lumière éblouissante ; les fumées épaisses qui se condensent en une neige blanche, sont constituées par une combinaison de l'oxygène et du phosphore, qu'on appelle *acide phosphorique*.

Si dans un vase rempli d'oxygène, nous enfermons un oiseau, nous le voyons respirer facilement, plus vivement que dans l'air.

C'est grâce à l'oxygène qu'il contient, que l'air est capable d'entretenir la respiration et les combustions ; mais son activité est moindre parce que l'azote mélangé à l'oxygène en tempère les propriétés trop énergiques.

La composition de l'air, grossièrement établie par Lavoisier, a été fixée par de nombreuses recherches ; Gay-Lussac et de Humbold, au commencement de notre siècle, puis Dumas et Boussingault, Regnault, Bunsen ont appliqué tour à tour à ce problème diverses méthodes que nous n'avons pas à décrire. On a ainsi trouvé que 100 volumes d'air sont constitués par le mélange de :

21 volumes d'oxygène,
79 — d'azote,

ce qui fait à peu près pour 1 volume d'air :

$\frac{1}{5}$ d'oxygène, et $\frac{4}{5}$ d'azote.

L'oxygène étant un peu plus lourd que l'azote, on trouve, en poids, une proportion un peu différente, savoir pour 100 grammes d'air :

23 grammes d'oxygène,
77 — d'azote.

La composition de l'air est constante et partout la

même. — Les analyses de l'air effectuées depuis un siècle, ont fourni constamment des résultats sensiblement identiques, en quelque point du globe qu'on ait opéré. La nature de l'air demeure donc la même, quelles que soient la latitude et la hauteur au-dessus du niveau des mers. Regnault a examiné un grand nombre d'échantillons d'air, prélevés en Europe, en Afrique, en Amérique, à l'équateur ou sur les mers polaires.

La moyenne de plus de cent analyses de l'air de Paris a donné par 100 volumes d'air :

20.96 d'oxygène,

les valeurs extrêmes ayant été de :

20,99................. valeur maxima,
20,91................. valeur minima.

Dans le monde entier, la moyenne est sensiblement égale à celle obtenue à Paris; le maximum d'oxygène n'a pas dépassé 21 volumes. Les minima extrêmes, considérés par Regnault comme anormaux et dûs à des circonstances locales exceptionnelles, ont été :

20,40................. port d'Alger,
20,46................. golfe du Bengale,
20,38................. bords du Gange.

Plus récemment, M. Lévy a trouvé pour l'air de la mer du Nord :

20,7 d'oxygène.

Mais, d'une manière générale, on peut dire que l'atmosphère possède une composition constante; aucune variation notable n'a été accusée depuis le commencement du siècle. Nous trouvons l'air tel que Gay-Lussac l'avait trouvé.

Comment expliquer cette fixité, alors que l'air intervient constamment d'une manière active sur la surface immense du globe? La respiration des hommes et des animaux, les combustions de nos foyers et de nos usines, certains phénomènes naturels d'oxydation minérale, consomment chaque jour des quantités énormes d'oxygène. La plus grande partie de ce gaz est ainsi transformée en eau et en acide carbonique, dont nous ne trouvons cependant que des doses peu importantes dans l'atmosphère. Nous verrons plus loin ce que devient le gaz acide carbonique et comment il régénère en tout ou en partie l'oxygène qui l'a fourni.

Quant à l'azote, il ne semble guère disparaître. Pourtant, ainsi qu'il sera dit ultérieurement, certaines influences doivent en soustraire des masses notables, tandis que d'autres, comme les putréfactions des substances organiques azotées, lui en restituent beaucoup. Y a-t-il équilibre parfait entre ces gains et ces pertes d'oxygène, entre ces gains et ces pertes d'azote? N'avons-nous pas à craindre qu'à une échéance peut-être courte, la proportion des gaz de l'atmosphère ne soit modifiée assez profondément pour changer les conditions de la vie? Se pourrait-il aussi que cette modification fâcheuse intervienne d'abord dans certaines contrées plus maltraitées?

A cette dernière question, nous sommes déjà en mesure de répondre. Puisque sur tous les points de la terre, l'air présente actuellement la même composition, les causes locales d'altération n'ont jusqu'à présent exercé qu'une influence minime et on peut prédire avec certitude qu'il en sera de même dans l'avenir. On le conçoit aisément, si on songe que l'atmosphère est constamment agitée par des courants immenses, dont la météorologie nous indique les trajectoires, essayant d'en découvrir les lois. Ces grands mouvements qui produisent localement les vents, les ouragans, les trombes, agitent l'air dans tous les sens et rendent ainsi sa composition homogène et identique en toutes ses parties.

Quant au danger de la variation d'ensemble, Dumas et Boussingault nous ont pleinement rassurés par un raisonnement bien facile à suivre. La masse de l'air atmosphérique est énorme : le baromètre nous apprend que sur chaque point du globe son poids est celui d'une colonne de mercure haute d'environ 76 centimètres. Imaginez donc la surface de la terre recouverte entièrement d'une couche de mercure de 76 centimètres d'épaisseur : le poids de ce mercure est égal au poids total de l'air. Si on pouvait le placer tout entier dans l'un des plateaux d'une gigantesque balance, il faudrait pour lui faire équilibre placer dans l'autre plateau 581,000 cubes massifs de cuivre, ayant chacun 1 kilomètre de côté. L'oxygène total que l'atmosphère contient pèserait environ 134,000 de ces cubes.

Supposons que chaque homme consomme chaque jour par sa respiration un kilogramme d'oxygène, ce qui est au-dessus de la réalité ; admettons qu'il y ait mille millions d'hommes ; supposons enfin que par le fait de la respiration des êtres vivants et des diverses combustions, cette consommation d'oxygène soit décuplée : imaginons qu'il n'existe aucune cause naturelle de restitution d'oxygène (ce qui est bien loin d'être admissible), eh bien, dans cette hypothèse la plus défavorable que nous puissions faire, nous trouvons que la consommation d'oxygène pendant tout un siècle, ne dépasserait pas le poids de 38 à 40 des grands cubes de cuivre.

Ainsi l'action d'un siècle n'abaisserait que de $\frac{1}{3000}$ au plus la dose d'oxygène qu'il y a dans l'air. En mille ans, elle ne diminuerait que de $\frac{1}{300}$, c'est-à-dire d'une quantité presque inappréciable à nos moyens analytiques. Après plusieurs milliers d'années, la composition de l'air se retrouverait encore semblable à ce qu'elle est en ce moment. Devant une telle réserve d'oxygène, nous pouvons repousser toute crainte, et *considérer comme absolue la constance de composition de l'air.*

Des autres substances contenues dans l'air. — L'oxygène et l'azote ne sont pas les seuls éléments qui existent dans l'atmosphère. On y trouve aussi quelques substances qui n'y manquent jamais, bien que leur dose soit beaucoup plus faible. Leur rôle cependant est capital : dans le mélange d'oxygène et d'azote seuls et maintenus seuls, la végétation ne pourrait s'exercer d'une façon normale.

Ces substances accessoires sont principalement : la vapeur d'eau, l'acide carbonique, l'acide nitrique, l'ammoniaque.

Il y a aussi des traces de diverses matières dont l'intervention est moins directe en agriculture, par exemple l'ozone.

Enfin, surtout au voisinage du sol, l'air tient en suspension un grand nombre de poussières ténues, qui tombent très lentement; quelques-unes sont des germes microscopiques utiles ou nuisibles, d'une importance capitale pour certaines actions naturelles.

Vapeur d'eau. — La vapeur d'eau existe toujours dans l'air, mais sa proportion y est très variable. Pour prouver sa présence, il suffit d'abandonner pendant quelque temps à l'air libre un vase rempli de glace pilée : la vapeur d'eau se condense à l'état liquide sur la surface froide du vase. Si on place sur une soucoupe un fragment de chlorure de calcium, solide, blanc, parfaitement sec, on voit qu'il ne tarde pas à fixer l'humidité de l'air et à se liquéfier. Ce sont là des faits bien connus, sur lesquels il est inutile d'insister.

La présence de la vapeur d'eau dans l'atmosphère

est d'ailleurs nécessaire ; sur les vastes étendues d'eau liquide qui constituent les mers, l'évaporation se produit, d'autant plus active que la température est plus haute, et que les couches d'air se renouvellent plus fréquemment. Si l'air ainsi saturé d'humidité vient à se refroidir, une partie plus ou moins considérable de la vapeur se condense en eau liquide, et donne la pluie. Les eaux pluviales répandues sur le sol, le traversent en partie et fournissent les sources, puis les rivières et les fleuves, restituant à l'Océan l'eau qu'il avait donnée. La vapeur d'eau de l'atmosphère contribue donc à alimenter la terre en eau, et cette eau, ainsi que nous le verrons bientôt, lui apporte avec elle quelques autres éléments de l'air.

La quantité de vapeur d'eau, contenue dans l'air, varie beaucoup : elle dépend généralement de la température, du régime des vents, de l'altitude, et aussi des masses d'eau plus ou moins étendues qui peuvent exister dans le voisinage. Pendant la saison des pluies, sous les tropiques, on trouve jusqu'à 3gr5 de vapeur d'eau pour 100 grammes d'air ; au contraire pendant les gelées d'hiver, ou sur le sommet des hautes montagnes, la dose de vapeur d'eau est très faible. D'ailleurs l'état d'humidité de l'air ne dépend pas du poids absolu de vapeur aqueuse que l'air renferme, mais de la distance à laquelle cet air se trouve de son point de saturation[1]. Avec très peu de vapeur, l'air peut être humide, s'il est froid ; il peut être sec, avec une quantité plus grande, si la température est haute. L'état d'humidité est défini au moyen de certains appareils de physique connus sous le nom d'*hygromètres*. Les

1. Un mètre cube d'air saturé d'humidité contient :

à 0°...	environ	5 grammes	d'eau.
à 10°........	—	10	—
à 20°......	—	18,4	—
à 30°.................	—	33.5	—
à 40°..................	—	58,2	—

variations de cet état, combinées avec le régime des pluies, ont sur la végétation une influence capitale.

Acide carbonique. — L'air contient toujours de l'acide carbonique, et nous verrons que c'est ce gaz qui fournit aux végétaux, presqu'en totalité, un de leurs éléments principaux, le carbone. Si dans un vase ouvert, nous abandonnons de l'eau de chaux, c'est-à-dire la dissolution limpide obtenue en agitant en vase fermé une petite quantité de chaux pure avec de l'eau distillée, nous constatons que la surface du liquide se recouvre assez rapidement d'une croûte blanche insoluble ; c'est du carbonate de chaux, formé par la combinaison de la chaux avec l'acide carbonique de l'air. Recueillons avec précaution ces parcelles blanches, et versons dessus un acide, par exemple du vinaigre, nous voyons l'acide carbonique se dégager en bulles gazeuses.

La proportion d'acide carbonique est à peu près invariable. — De nombreuses expériences ont fixé la quantité d'acide carbonique contenu dans l'air. MM. Boussingault, Reiset, et plus récemment Müntz et Aubin, ont trouvé que dans les divers pays d'Europe :

10,000 volumes d'air renferment environ 3 volumes d'acide carbonique.

Lors du dernier passage de Vénus sur le Soleil, les missions scientifiques, qui furent chargées de l'observer, ont effectué en divers points du globe des prises d'air, où l'acide carbonique a été dosé avec le plus grand soin. On a trouvé pour 10,000 volumes d'air :

de 3,1 à 2,6 d'acide carbonique.

Les plus grands écarts constatés ont été :

4,2, maximum observé à Paris,
2.7, minimum trouvé au Chili.

Malgré les causes considérables de production d'acide carbonique qui se trouvent accumulées à Paris (Boussingault a évalué à 2,950,000 mètres cubes la quantité de gaz carbonique formé à Paris en vingt-quatre heures), la proportion habituelle n'y est pas en moyenne supérieure à celle des champs.

Donc, aux latitudes les plus diverses, aux altitudes les plus variées, la dose d'acide carbonique de l'air est *à peu près* constante.

On observe pourtant en chaque lieu de légères variations diurnes assez régulières. Il y a un peu moins d'acide carbonique quand le temps est clair; il y en a davantage quand le temps est couvert, et surtout pendant la nuit. Nous en indiquerons la raison dans le chapitre suivant.

Il est facile de calculer qu'au taux de 3 volumes d'acide carbonique pour 10,000 volumes d'air, il se trouve au-dessus de chaque hectare de terre, 48,000 kilogrammes d'acide carbonique, contenant 13,000 kilogrammes de carbone. La nutrition carbonée des récoltes ayant lieu à peu près exclusivement à l'aide de l'acide carbonique de l'air, on peut se demander si cette nutrition se trouve assurée pour une longue période. Reportons-nous aux expériences faites par Boussingault sur un assolement de cinq ans, présentant la succession suivante : betteraves, froment, trèfle, froment et navets dérobés, avoine. Voici les poids de carbone contenus dans les récoltes successives, obtenues sur un hectare :

Betteraves	1,358	kilogrammes.
Froment	1,432	—
Trèfle	1,910	—
Froment	2,004	—
Navets	307	—
Avoine	1,182	—
En tout pour les cinq années...	8,193	kilogrammes.

Si donc l'acide carbonique n'était pas régénéré ou renouvelé au-dessus du champ, il aurait entièrement disparu au bout de huit ans de culture.

Mais, en réalité, le globe terrestre n'est cultivé que sur une faible portion de sa surface totale, et un champ profite de l'acide carbonique contenu dans une étendue beaucoup plus grande ; en outre, la respiration des animaux, les combustions, les putréfactions de toute espèce, les éruptions volcaniques, produisent incessamment des quantités énormes de gaz carbonique, qui doivent au moins compenser la fixation de carbone sur les plantes.

Ici, comme pour la vapeur d'eau, la surface des mers joue un rôle considérable pour régulariser la proportion d'acide carbonique qu'il y a dans l'air. M. Schlœsing a montré que l'eau de mer contient, par litre, environ 1 décigramme d'acide carbonique dissous ; elle le cèderait à l'air, si dans l'atmosphère la quantité devenait trop petite. Si, au contraire, elle s'élevait outre mesure, la mer le dissoudrait, servant ainsi de régulateur gigantesque du monde végétal. La provision de gaz carbonique ainsi accumulé dans les eaux de l'Océan, et pouvant au besoin s'en dégager, est sans doute au moins décuple de celle qui se trouve dans l'atmosphère.

Principes azotés de l'air. — L'air renferme toujours un peu d'ammoniaque et d'acide nitrique, mais en quantité beaucoup moindre encore que l'acide carbonique. En raison de leur extrême rareté, on n'y a d'abord attaché aucune importance. Nous savons aujourd'hui que leur rôle ne saurait être négligeable, et certains agronomes ont pu les considérer comme la principale, sinon l'unique source primordiale de l'alimentation azotée des végétaux, avec ou sans l'intermédiaire du sol.

Ammoniaque. — L'ammoniaque signalée dans l'air par de Saussure, se retrouve aussi dans les eaux pluviales. Sa présence dans l'atmosphère s'explique aisément, car il se dégage toujours de l'ammoniaque dans la putréfaction des matières animales[1]. Dans l'air, elle ne demeure pas à l'état libre, mais elle s'y trouve sous la forme de carbonate d'ammoniaque gazeux et de nitrate d'ammoniaque solide. Ces sels étant très solubles dans l'eau, existent donc nécessairement dans la pluie, la neige, les brouillards. Ainsi, Boussingault a trouvé dans l'eau de pluie des doses d'ammoniaque variant de 4 milligrammes à 0,2 par litre d'eau, dans l'eau de brouillard, de 7,2 à 2,6.

M. Schlœsing, en opérant sur de très grands volumes d'air, a pu y doser l'ammoniaque. On trouve que 100 mètres cubes d'air en contiennent :

A Paris........................	de 1,5 à 4	milligrammes
A Montsouris, on a trouvé......	de 1,1 à 5	—
Au Pic du Midi (Müntz) environ.	1,4.	—

Ce sont là des poids excessivement minimes, mais qui suffisent à enrichir les eaux de pluie de quantités assez notables d'ammoniaque.

Pour expliquer la circulation de l'ammoniaque à la surface du globe, M. Schlœsing a imaginé une théorie très ingénieuse, sur la valeur de laquelle il est difficile de se prononcer. L'ammoniaque prise dans l'air par les pluies, est reçue dans le sol, et là elle se transforme

1. La terre végétale exhale fréquemment de petites quantités d'ammoniaque. D'après un travail récent de M. Berthelot, les plantes et le sol dégageraient en même temps que de l'ammoniaque, de faibles doses de produits azotés volatils, sans doute très toxiques pour les plantes mêmes qui les ont fournis. On expliquerait ainsi pourquoi la végétation se fait mal dans une atmosphère confinée.

en nitrates, dont une portion est utilisée pour la nourriture des plantes; le reste est emporté par les eaux de drainage, qui les déversent dans les rivières, puis dans la mer. D'après Boussingault, la Seine seule charrie ainsi par jour 238,000 kilogrammes de nitrate de potasse. Cependant l'eau de mer ne contient que de faibles traces de nitrates : c'est que ceux-ci sont consommés par les végétaux marins, dont la destruction ultérieure fournit de l'ammoniaque. La mer contient, en effet, de 0milligr4 à 0.5 d'ammoniaque par litre. Cette ammoniaque se diffuse dans l'atmosphère, et les vents la ramènent vers les cultures des continents. L'Océan serait ainsi pour l'ammoniaque, comme pour la vapeur d'eau et l'acide carbonique, un immense régulateur.

Le stock d'ammoniaque que renferme l'atmosphère est fort petit; la couche d'air qui couvre un hectare ne contient que 1kg5 d'ammoniaque, valeur très faible. Néanmoins, M. Schlœsing pense que la circulation d'ammoniaque dans l'atmosphère est assez active pour compenser sa rareté, et lui permettre de concourir en proportion notable à la nutrition azotée des végétaux. Cette opinion nous semble peu justifiée; le rôle nutritif de l'ammoniaque atmosphérique est, dans tous les cas, fort peu important.

Acide nitrique. — La présence des produits nitrés dans l'atmosphère ne doit pas nous surprendre. Dans un flacon rempli d'air bien sec, faisons à l'aide d'une bobine d'induction éclater une série d'étincelles électriques : nous voyons apparaître une coloration rouge orangé. Sous l'influence des étincelles, l'oxygène et l'azote se sont combinés et ont donné naissance à un composé gazeux rouge, qu'on appelle acide hypoazotique. Si l'air est humide, il se forme au lieu du gaz rouge, une vapeur incolore et soluble dans l'eau, qui n'est autre que de l'acide nitrique, facile à caractériser par ses propriétés chimiques.

Dans la nature, le même phénomène se produit avec une intensité beaucoup plus grande. Pendant les orages, les éclairs, véritables étincelles électriques, traversent l'air sur une longueur énorme, qui atteint parfois plusieurs kilomètres. Sur leur passage, la combinaison d'oxygène et d'azote a lieu, et fournit des doses plus ou moins importantes d'acide nitrique. Cet acide se combine en majeure partie à l'ammoniaque de l'air, pour donner du nitrate d'ammoniaque solide, en parcelles très fines, que les vents emportent au loin et dispersent. Les pluies dissolvent ce nitrate et l'apportent à la terre; la proportion de nitrates qu'elles renferment est assez variable : Boussingault y a trouvé, par litre, jusqu'à $\frac{95}{100}$ de milligramme d'acide nitrique combiné. Les pluies totales de l'année fournissent ainsi au sol des poids assez considérables de nitrates; les résultats obtenus sur ce point sont assez discordants, ce qui tient sans doute à des écarts réels d'une région à l'autre.

Le poids d'azote nitrique total, apporté ainsi par les pluies sur 1 hectare de terre, a été trouvé :

En Alsace (Boussingault), égal à......... ...	0kilog33
A Rothamstedt (Lawes, Gilbert, Warington).	0,81 à 1,1
En Provence (colonel Chabrier).............	2,8

Quant à l'acide nitrique contenu dans l'air, on le dose assez difficilement, parce qu'il s'y trouve à l'état de nitrate d'ammoniaque, poussière solide, ténue, très difficile à condenser (Schlœsing). Cependant certaines mesures ont été faites. A Montsouris, 100 mètres cubes d'air renferment en moyenne de 1millig5 à 6,4 d'acide nitrique. Pendant les orages, la proportion a atteint jusqu'à 12 milligrammes par litre.

Dans les régions équatoriales, où les orages, très fréquents, ont une violence extraordinaire, les produits nitrés doivent être beaucoup plus abondants. D'après des résultats récents, communiqués par MM. Müntz et Marcano, la quantité d'azote nitrique apportée au sol pendant une année par les eaux pluviales, est à Caracas (Venezuela) de 5kg8 par hectare. A Saint-Denis (île de la Réunion), la dose s'élève presque à 7 kilogrammes par hectare. C'est une véritable fumure azotée équivalant à près de 50 kilogrammes de nitrate de soude. On s'explique ainsi, en quelque mesure, la puissance des végétations spontanées dans les contrées tropicales.

Ozone. — Quand l'air est traversé par une série d'étincelles électriques, il se forme, ainsi que nous l'avons dit précédemment, des produits nitrés : acide hyponitrique si l'air est sec, acide nitrique s'il est humide. Mais il se développe en même temps une odeur particulière, très pénétrante, rappelant un peu le homard gâté ; cette odeur n'appartient pas aux produits nitrés, mais elle est celle d'un gaz spécial, qui est une transformation curieuse de l'oxygène : c'est l'*ozone*.

L'ozone n'est autre chose que de l'oxygène qui s'est combiné avec lui-même, par une condensation de matière, mais cette condensation s'est faite avec un emmagasinement d'énergie, de puissance chimique ; aussi l'ozone oxyde plus que l'oxygène, et plus vite.

L'étincelle ne fournit dans l'air que de faibles quantités d'ozone ; car il se trouve que l'ozone est instable, et se détruit spontanément, lentement à la température ordinaire, très vite quand on le chauffe, et l'étincelle très chaude, le détruit en même temps qu'elle en produit une certaine proportion.

Mais il existe une autre forme de la décharge électrique, moins brutale que l'étincelle et qui ne développe pas de hautes températures : c'est celle qu'on nomme décharge continue ou *effluve*. Elle se produit toutes les fois qu'on met en présence deux conducteurs ayant des tensions électriques très différentes, la distance qui les sépare étant assez grande pour que l'étincelle proprement dite ne puisse avoir lieu; on réalise commodément cette condition en interposant entre les conducteurs une lame isolante. Si un courant d'oxygène circule dans cet intervalle illuminé par une lueur plus ou moins vive, il sera en grande partie transformé en ozone, reconnaissable à son odeur et à ses propriétés actives. Il oxyde l'argent, décolore l'indigo, oxyde aussi l'ammoniaque, en donnant des fumées blanches solides de nitrate d'ammoniaque.

La transformation totale de l'oxygène en ozone n'est pas possible, parce que l'ozone est un édifice instable, qui tend de lui-même à se détruire : il y a lutte entre sa formation artificielle et sa destruction spontanée. Pour en obtenir beaucoup, il faut faire en sorte que celle-ci soit aussi faible que possible; on y arrive en abaissant la température. En opérant à —23°, MM. Hautefeuille et Chappuis ont pu atteindre la transformation de $\frac{1}{5}$ de l'oxygène, et ils ont alors reconnu que l'ozone possède une belle couleur bleue.

Trouve-t-on dans l'atmosphère des conditions favorables à une production abondante d'ozone?

Pendant les orages, les éclairs qui éclatent entre les nuages, doivent, en même temps que de l'acide nitrique, donner un peu d'ozone. Mais en dehors de ces circonstances exceptionnelles, l'air est toujours électrisé, et il est certain que des phénomènes d'effluves, plus ou moins puissants, ont lieu entre les nuages dans les régions supérieures de l'air, là précisément où, la température étant très basse, l'ozone une fois fait, se conservera facilement. Il est donc probable que la proportion d'ozone doit s'y maintenir assez grande.

Nous en trouvons aussi dans l'air qui nous entoure,

mais la dose est petite et fort variable. A Montsouris où la mesure de l'ozone atmosphérique a lieu chaque jour, on trouve quelquefois 3 milligrammes d'ozone par 100 mètres cubes d'air, quelquefois pas du tout. Ce sont dans tous les cas des poids excessivement faibles.

Pourquoi n'y en a-t-il pas davantage? D'abord sa destruction spontanée est rapide à la température ordinaire; en outre, il trouve, surtout dans les parties basses de l'air, un assez grand nombre de matières organiques, qu'il oxyde. Les produits volatils nauséabonds introduits dans l'atmosphère par la putréfaction des matières animales, doivent ainsi être brûlés par l'ozone et transformés en acide carbonique, eau, azote libre. Il en est de même, sans doute, d'une grande partie des organismes vivants, des germes qui sont en suspension dans l'air en nombre si considérable, et l'ozone semble jouer de ce côté un rôle important; il serait, pour ainsi dire, le grand désinfectant de l'atmosphère, puisqu'il le débarrasse constamment des miasmes nuisibles qui s'y trouvent répandus.

Poussières et micro-organismes de l'air. — Ceci nous amène à dire quelques mots des corpuscules qui flottent dans l'atmosphère.

Quand un rayon de soleil pénètre par une fente étroite dans une chambre sombre, on voit s'agiter sur le trajet de ce rayon des myriades de poussières très ténues, rendues visibles par la lumière vive qui les frappe. C'est une observation que tout le monde a pu faire.

Ces poussières peuvent être recueillies de diverses manières ; par exemple, elles se déposent sur la surface humide d'un vase refroidi. L'eau qui dégoutte des parois en entraîne beaucoup.

On peut encore, comme l'a fait M. Pasteur, les arrêter en aspirant l'air à travers un tube qui contient à l'intérieur un tampon de *fulmi-coton*. Les particules solides sont arrêtées par le coton, qui prend assez vite une teinte grisâtre. Pour les séparer, il suffit de dissoudre le fulmi-coton dans un mélange d'alcool et d'éther ; les poussières non dissoutes se réunissent au fond du vase et peuvent être étudiées au microscope.

Les corpuscules de l'air sont très variés ; quelques-uns sont minéraux, empruntés surtout aux éléments les plus ténus du sol, silice, craie, plâtre et aussi poudre de charbon, qui vient de la fumée de nos foyers.

Mais il y a aussi beaucoup de substances organiques, débris de cellules végétales ou animales, grains de pollen, spores de moisissures et de ferments, microbes, etc.

La nature et le nombre de ces organismes vivants sont essentiellement variables, selon les circonstances locales. Leur nombre diminue à mesure qu'on s'élève, parce qu'on s'éloigne davantage de leurs lieux de provenance qui sont le sol ou les êtres vivants. Ainsi, M. Pasteur les a trouvés à 850 mètres d'altitude quatre fois moins nombreux que dans la plaine ; à 2.000 mètres, au Montanvert, il a vu qu'ils étaient cinq fois plus rares encore qu'à 850 mètres.

C'est dans les villes qu'on rencontre ces germes en plus grand nombre. A Montsouris on a trouvé par mètre cube d'air :

Au printemps...........	16,000	microbes.
En été.................	29,000	—
En automne............	11,000	—
En hiver, seulement....	6.000	—

Mais la plupart sont incapables de vivre. Le nombre des germes réellement vivants est bien moindre. Voici quelques résultats obtenus, en 1881, par M. Miquel, à Montsouris et sur quelques autres points de Paris (dans la rue de Rivoli et dans une salle de l'hôpital de la Pitié) :

Germes vivants par mètre cube d'air

	Montsouris.	Rue de Rivoli.	Salle de la Pitié.
Janvier....	45	470	»
Février....	31	330	»
Mars......	74	750	11,100
Avril......	48	970	10,000
Mai........	80	1,000	10,000
Juin.......	92	1,540	4,500
Juillet.....	190	1,400	5,800
Août......	111	960	5,550
Septembre..	105	990	10,500
Octobre....	142	1,070	12,400
Novembre..	106	810	15,000
Décembre..	49	540	»

On voit, d'après ce tableau, que le nombre des bactériens est au centre de Paris environ dix fois plus grand qu'au parc de Montsouris, qui se trouve dans un quartier peu habité, voisin des champs. Ce nombre, faible en hiver, croît au printemps et atteint son maximum en été.

Dans les salles d'hôpitaux, le nombre est énorme pendant l'hiver; il diminue en été, parce qu'on ouvre les fenêtres, ce qui répand les germes dans les quartiers voisins.

Parmi ces organismes, quelques-uns sont bienfaisants et jouent un rôle capital dans la vie végétale, par exemple la *levûre de bière*, dont les germes se trouvent en abondance dans l'air au moment des vendanges. Mais beaucoup sont nuisibles et peuvent être la source d'affections graves des végétaux et des animaux; c'est ainsi que se propagent l'oïdium, la pourriture, le mildew, le black-rot, ces terribles fléaux de la vigne ; c'est ainsi que se transmettent sans doute quelques-unes des maladies infectieuses de l'espèce humaine.

Deux airs bien semblables au point de vue chimique peuvent donc différer notablement vis-à-vis de nous par la dissemblance des germes qu'ils apportent; il y a donc lieu jusqu'à un certain point de rétablir la vieille distinction d'Hippocrate entre les airs purs et les airs malsains. Seulement, nous sommes aujourd'hui bien renseignés sur la vraie cause de ces différences, quoique nous soyons encore incapables d'en préciser tous les détails.

Tableau général de la composition de l'air. — Nous résumons la composition de l'air dans le tableau ci-dessous.

100 mètres cubes d'air renferment :

Éléments invariables.

Oxygène........................	20mc9
Azote..........................	79 1
Acide carbonique...............	0 03

Eléments variables,

Vapeur d'eau...........	0	à	40	kilogrammes.
Ammoniaque...........	1	à	4	milligrammes.
Acide nitrique..........	1,5	à	6,5.	—
Ozone...................	1,3	à	3.	—
Organismes vivants et poussières minérales...	//		//	

Matières entraînées par les eaux de pluie. — L'eau de pluie n'est pas de l'eau chimiquement pure; formée dans l'atmosphère par la condensation partielle de la vapeur d'eau, elle dissout les principes solubles qu'elle y rencontre, ammoniaque, nitrate d'ammoniaque, et entraîne mécaniquement une partie des poussières minérales ou organiques qui flottent dans l'air. La proportion de ces matières est extrêmement variable, selon la contrée, selon la saison et aussi selon l'importance de l'ondée : dans les grandes pluies, les premières portions sont de beaucoup les plus riches en matières étrangères, les dernières tendent de plus en plus à se rapprocher de l'eau pure.

On conçoit dès lors que les doses de matières apportées par la pluie sur les champs où elles peuvent servir à l'alimentation végétale, sont susceptibles de subir des écarts énormes. Au voisinage de l'Océan, les eaux pluviales fournissent constamment à la terre des doses notables de chlorure de sodium (sel marin), dont la provenance est facile à expliquer. A Manchester on a trouvé, par mètre cube d'eau de pluie, plus de 100 grammes de sel marin, renfermant plus de 60 grammes de chlore. Ce sont là des quantités anormales, mais le sel marin ne manque jamais dans les eaux pluviales, pas plus que l'ammoniaque, l'acide nitrique, et même l'acide sulfurique.

D'après les recherches poursuivies pendant neuf ans, à Rothamstedt, par M. Warington, la pluie apporte annuellement sur un hectare de terrain :

	16	kilog.	de chlore,
	19	—	d'acide sulfurique,
	2,7	—	d'ammoniaque,
	4,4	—	d'acide nitrique,
environ	1	—	d'azote organique.

Ces nombres, d'après ce qui a été dit plus haut, ne s'appliqueraient pas à une localité différente[1]. Néanmoins il est intéressant de les connaître, pour avoir quelque idée de la valeur des apports minéraux dûs aux pluies.

1. Voir page 27 les nombres relatifs aux apports d'azote nitrique.

CHAPITRE II.

NUTRITION CARBONÉE DES VÉGÉTAUX.

L'atmosphère étant connue, nous allons étudier quels rapports elle a avec les plantes, et principalement avec la partie aérienne des plantes, tiges et feuilles.

Respiration générale des êtres vivants. — Pour arriver à une notion exacte des phénomènes, partons d'un cas particulier. Considérons un champignon, végétal de nature spéciale qui se développe sur les matières organiques en décomposition : une portion est invisible et se cache dans la masse nourricière qu'elle pénètre profondément, c'est ce qu'on appelle le *mycélium*. La partie visible qui porte les organes de reproduction, est la seule que nous voyons apparaître, et jadis on ne s'occupait que d'elle seule : c'est ce qu'on appelle vulgairement le *champignon*. Cette portion se trouve dans l'air: comment s'y comporte-t-elle ?

Exactement comme un animal, elle *respire*, en absorbant l'oxygène de l'air et éliminant de l'acide carbonique et de la vapeur d'eau ; la seule différence, c'est que la respiration est ici continue et lente, au lieu d'être rapide comme chez les animaux supérieurs.

Quand nous respirons, nous recevons dans les poumons de l'oxygène, et nous ne le restituons pas tout entier; une partie disparaît, et il apparaît à sa place un volume à peu près égal d'acide carbonique, en même temps qu'un peu de vapeur d'eau. Si on insuffle dans l'eau de chaux l'air qui sort des poumons, on voit immédiatement le liquide incolore se troubler parce qu'il se forme beaucoup de carbonate de chaux : l'air expiré contient cent fois plus d'acide carbonique que l'air atmosphérique. Ce gaz carbonique ainsi renvoyé par les poumons, provient des combustions effectuées par l'oxygène à l'intérieur des tissus.

Notre champignon agit de même, mais moins vite ; la fixation d'oxygène, le départ d'acide carbonique n'ont lieu qu'avec une certaine lenteur. Si nous supprimons l'oxygène autour d'un animal, celui-ci mourra bientôt asphyxié ; si nous l'enlevons au champignon, il mourra aussi, mais l'asphyxie sera plus longue à se produire.

La respiration est une véritable combustion ; c'est donc une destruction de matière, et dans le champignon qui nous occupe, cette destruction porte principalement sur des hydrates de carbone que l'oxygène transforme en acide carbonique et eau.

L'être vivant qui respire, consume donc sa propre substance, exactement comme une lampe qui brûle, et il arriverait un moment où, par le fait de cette consommation, l'être mourrait, si une nourriture compensatrice ne venait lui restituer ce qui a été brûlé.

Cette réparation, l'animal la trouve dans les aliments, qui ne sont autre chose que des matières animales ou végétales. Le champignon la puise par son mycélium dans la masse organique qui le supporte.

Végétation dans l'obscurité. — En est-il de même pour les végétaux ordinaires ? respirent-ils, et s'ils respirent, d'où tirent-ils le carbone nécessaire pour remplacer celui que l'acide carbonique a emporté ?

Prenons des grains de maïs ou des tubercules de pommes de terre ; plaçons-les dans une cave chaude et humide, où n'arrivent pas les rayons solaires. Au bout d'un certain temps, nous les voyons germer et se développer en tiges longues et minces, toutes uniformément blanches. Si nous observons avec soin, nous trouvons que ces jeunes plantes respirent comme les champignons, comme les animaux : elles absorbent de l'oxygène et dégagent de l'acide carbonique.

Mais comme rien ne leur restitue le carbone, elles doivent consumer leur substance, et celle-ci doit diminuer constamment. C'est, en effet, ce qui advient ; dans une expérience de Boussingault, des graines de maïs renfermant 9 grammes de matière sèche, furent mises à germer dans l'obscurité : après quelques jours, le poids total de matière sèche s'était, dans les plantes nouvelles, abaissé à la moitié, 4gr5 : la respiration avait brûlé la plus grande partie des hydrates de carbone. Il est clair que dans ces conditions la vie ne pourrait se poursuivre.

Végétation à la lumière. — Ces jeunes plants incolores et maladifs ainsi abandonnés, ne tarderaient pas à périr ; mais portons-les dans un endroit humide, éclairé par les rayons du soleil, par exemple sous un châssis vitré bien exposé. Bientôt les tiges deviennent vertes, et si dès lors, à l'aide d'appareils spéciaux, nous étudions leur respiration, nous la trouvons complètement changée : cette fois l'acide carbonique est absorbé, et à sa place nous voyons apparaître le même volume d'oxygène. Le carbone n'est pas brûlé ; au contraire, une certaine dose se fixe sur la plante.

Le facteur nouveau, qui a subitement renversé le phénomène, est la lumière solaire ; grâce à elle, le végétal a produit tout d'abord une matière verte, et quand cette matière verte a été produite, l'insolation a déterminé la réduction de l'acide carbonique de l'air avec mise en liberté de l'oxygène.

Le phénomène dure autant que la lumière qui le

cause ; il cesse avec elle. La nuit, la respiration normale qui absorbe de l'oxygène et dégage de l'acide carbonique, réapparait et fonctionne régulièrement comme dans les animaux, comme dans les champignons : c'est là visiblement une fonction nécessaire, inhérente à tout être vivant, propriété commune à toutes les cellules vivantes.

La respiration normale est permanente dans la plante verte, mais le jour elle est dissimulée par la réaction particulière de la lumière solaire, qui réduit beaucoup plus d'acide carbonique que la plante n'en éliminerait seule, qui fixe beaucoup plus de carbone que la vie des cellules n'en consomme, et ainsi par l'intervention active des rayons diurnes, l'acide carbonique de l'air sera le principal élément de la nutrition végétale. Il convient de préciser un peu les conditions du phénomène.

La lumière verdit d'abord les plantes. — Toutes les plantes qui se développent dans l'obscurité sont incolores ou jaunâtres ; mais elles ne sont jamais vertes. Si on les éclaire par les rayons solaires, ou même par une lumière artificielle suffisamment intense, on s'aperçoit que la plupart verdissent et sont désormais capables d'absorber au soleil l'acide carbonique de l'air, dont elles fixent le carbone et éliminent l'oxygène.

Au contraire, les champignons et aussi les néottias, les orobanches, la cuscute ne verdissent pas ; aussi ils ne prennent jamais de carbone à l'air, et leur alimentation carbonée ne peut avoir lieu qu'à l'aide de matière organique déjà faite, végétaux en décomposition, pour les néottias et les champignons, végétaux vivants, pour les plantes parasites, telles que la *cuscute*, qui vit aux dépens de la luzerne, du trèfle, du chanvre.

L'apparition de la couleur verte est progressive : sans doute elle commence aussitôt que la lumière intervient; pourtant elle est d'abord trop faible pour que l'œil puisse l'apercevoir. M. Van Tiegem a pu réaliser le verdissement par la seule clarté d'un bec de gaz; mais il est alors beaucoup plus lent qu'à la lumière du jour, surtout qu'à la lumière directe des rayons solaires.

Les diverses radiations colorées dont la réunion constituent la lumière blanche, ne sont pas également actives pour déterminer le phénomène. Les rayons rouges et jaunes sont les plus efficaces; les bleus ne conviennent pas du tout. Il faut donc éviter l'emploi des verres bleus dans la construction des serres.

Bien plus, les rayons bleus et violets, et encore davantage les rayons invisibles plus réfringents que le violet, les rayons *ultraviolets*, dont les propriétés photographiques sont si puissantes, sont non seulement inhabiles à former la matière verte, mais ils la détruisent, quand elle est déjà faite ; les feuilles vertes noircissent bientôt, quand elles subissent leur action.

L'arc électrique, qui est très riche en rayons violets et rayons obscurs photographiques, détermine le verdissement par ses rayons jaunes et rouges; mais par ses rayons ultraviolets, il détruit la substance verte qu'il a produite. Pendant l'exposition d'électricité qui eut lieu à Paris, au palais de l'Industrie, en 1881, on fit des essais importants de culture à la lumière électrique ; les plantes qui pendant six jours consécutifs subirent les rayons directs d'un arc puissant, devinrent tout à fait noires sur tous les points qu'avaient atteints les rayons.

Mais, pour faire cesser cette influence désastreuse, il a suffi d'entourer l'arc d'un verre transparent : c'est que le verre, qui laisse passer tous les rayons utiles, arrête presque entièrement les rayons nuisibles photographiques.

La lumière solaire contient peu de ces rayons malfaisants, grâce surtout à l'atmosphère, qui joue vis-à-vis d'elle le même rôle que le verre transparent pour l'arc électrique.

Nature de la substance verte. — On a donné le nom de *chlorophylle* à la matière verte des végétaux. Elle se dissout dans l'alcool ou dans la benzine : la dissolution est verte par transparence, rougeâtre par diffusion. Les recherches récentes de M. A. Gautier ont établi la composition chimique de la chlorophylle : elle contient du carbone, de l'hydrogène, de l'oxygène et de l'azote, comme les matières albuminoïdes fondamentales de la cellule vivante.

Aussi la formation de la chlorophylle, et par suite le verdissement des plantes, n'est aisée, même en présence d'une vive lumière, que si ces plantes reçoivent du sol une alimentation azotée suffisante. Les engrais azotés poussent au verdissement : c'est un fait connu depuis assez longtemps, et on peut de loin distinguer par la teinte les parties de culture verte ayant reçu des engrais azotés de celles qui en ont été privées : celles-ci sont toujours d'une nuance beaucoup plus jaunâtre.

Fixation du carbone par les plantes vertes. — Quand la plante a verdi, elle devient capable d'une fonction nouvelle. A la lumière, la plante verte, placée dans un milieu qui contient de l'acide carbonique, absorbe ce gaz et dégage un volume sensiblement égal d'oxygène.

Le milieu est habituellement l'air, qui contient invariablement une certaine dose d'acide carbonique. Mais il peut être aussi l'eau naturelle de rivière, d'étang, ou de mer, toujours plus ou moins riche en gaz carbonique dissous ; les plantes aquatiques, sous l'influence des rayons lumineux, absorbent ce gaz dissous, et, par un mécanisme analogue à celui des végétaux aériens, éliminent de même une quantité corrélative d'oxygène.

Les facteurs nécessaires du phénomène sont donc : la chlorophylle, l'acide carbonique, la lumière.

Action comparée des divers rayons. — Quand un rayon solaire tombe sur une feuille verte, il agit de diverses manières : une portion de la lumière est diffusée extérieurement sous forme de lumière verte, grâce à laquelle la feuille est visible ; une partie se transforme en chaleur obscure, qui élève la température des cellules ; le reste est absorbé par la chlorophylle et sert à accomplir le travail chimique, réduction de l'acide carbonique avec élimination d'oxygène.

Parmi les diverses radiations qui constituent la lumière blanche, quelles sont utiles, quelles sont inutiles ou même nuisibles ? Les rayons utiles sont visiblement ceux qui sont absorbés par la chlorophylle, et il est facile de savoir quels ils sont.

Sur le trajet d'un rayon de soleil, interposons un prisme de verre ; les rayons de couleurs différentes qui y étaient mélangés subissent, en traversant le prisme, des déviations inégales. Nous formons ainsi un faisceau étalé dont la teinte varie graduellement du rouge au violet, et qui, arrêté par un écran blanc, y fournit ce que nous appelons le *spectre solaire :* rouge, orangé, jaune, vert, bleu, indigo, violet. En avant du prisme, sur le passage du rayon solaire, interposons une petite cuve à faces parallèles remplie d'une dissolution alcoolique de chlorophylle : nous allons voir que la chlorophylle arrête certains rayons, et, en effet, le spectre se trouve sillonné par plusieurs bandes obscures qui indiquent quelles couleurs ont été absorbées par la substance verte. Avec une épaisseur suffisante du liquide, nous trouvons une bande noire qui enlève l'orangé, puis, à partir du bleu, tout disparaît ; il ne passe donc que des rayons rouges et des rayons jaunes et verts, surtout des rayons verts, ce qui est en effet la couleur dominante de la lumière transmise.

Le rouge et le vert traversent la chlorophylle sans s'y arrêter : ils sont inutiles pour l'action qui nous occupe. Les seuls rayons qui agissent sont précisément ceux qui sont absorbés, c'est-à-dire les rayons orangés et les rayons bleus.

Des expériences directes, effectuées avec des rayons colorés, ont montré que ces prévisions se vérifient rigoureusement. La fonction chlorophyllienne a lieu activement dans une lumière orangée ; dans une lumière verte, on n'obtient que des effets négligeables.

Il faudrait donc se garder de couvrir une serre de verres verts, tandis qu'il n'y aurait pas grand inconvénient à la construire avec des vitres de couleur orangée.

La lumière solaire convient très bien pour déterminer l'action chlorophyllienne. Les lumières artificielles sont beaucoup moins favorables, parce qu'elles sont incomparablement moins intenses. Néanmoins, dans la vive clarté produite par des arcs électriques puissants, entourés par un verre transparent (qui arrête les rayons ultraviolets nuisibles à la chlorophylle), on a obtenu des fixations de carbone assez importantes. Dans des serres ainsi éclairées la nuit, la végétation se trouve notablement accélérée, et la culture florale pourra, sans doute avec quelques avantages, se servir de cet artifice pour activer la production.

Dans la lumière du gaz, le phénomène n'a pour ainsi dire pas lieu, ou plutôt ne peut être manifesté que par des méthodes d'observation fort délicates, parce que le dégagement d'oxygène est presque dissimulé par l'action inverse de la respiration générale.

Dose nécessaire d'acide carbonique. — Pour que la fonction chlorophyllienne s'exerce, il faut évidemment qu'il y ait dans l'air de l'acide carbonique, mais *il ne faudrait pas qu'il y en eût trop*. Ainsi, dans l'acide carbonique pur, le phénomène n'a plus lieu, même au soleil ; mais si on ajoute à ce gaz un autre gaz quelconque, azote, hydrogène, air, on voit aussitôt la réaction se produire.

Ces circonstances sont semblables à celles qui accompagnent l'oxydation spontanée du phosphore dans l'oxygène pur à la température ordinaire. Dans l'oxygène pur à la pression habituelle, le phosphore ne s'oxyde pas si la température est inférieure à 20°. Il ne s'entoure d'aucune fumée et ne dégage pas de lueur. Mais si on mélange à l'oxygène un gaz inerte quelconque, par exemple de l'acide carbonique, l'oxydation se manifeste aussitôt par les fumées et la lueur. Au contraire, un excès d'oxygène empêche le phénomène.

De même aux plantes vertes insolées il faut de l'acide carbonique, mais à une dose qui ne doit pas être trop grande.

Du reste, nous ne pouvons avoir de ce côté aucune inquiétude pratique. La quantité d'acide carbonique qui se trouve dans l'atmosphère est très faible; nous savons qu'elle ne s'élève pas, et nous n'avons pas à craindre qu'elle arrive à un taux gênant pour la nutrition végétale. Nous concevrions plutôt la crainte inverse, qu'il n'y en ait pas assez.

Le phénomène est très rapide. — On ne voit pas très bien, *a priori*, comment les poids minimes de gaz carbonique qui se trouvent dans l'air, suffisent à introduire ce gaz dans la plante pour servir à sa nourriture. 100 mètres cubes d'air ne contiennent que 30 litres d'acide carbonique, soit seulement $\frac{3}{10\,000}$. Ces traces de matière pourront-elles, comme nous le disons, être saisies et utilisées par les végétaux ?

L'expérience répond ici de la façon la plus positive. Disposons au soleil deux longs tubes de verre identiques : l'un est rempli de feuilles vertes, l'autre ne contient que de l'air. A travers ces deux tubes, à l'aide d'aspirateurs marchant avec la même vitesse, faisons passer de l'air, de telle sorte qu'au sortir de chaque tube, l'air qui l'a parcouru, barbote dans de l'eau de chaux bien claire.

On voit très promptement l'eau de chaux se troubler du côté du tube vide, ce qui indique la présence d'acide carbonique dans l'air atmosphérique qui l'a traversé. Mais du côté du tube garni de feuilles, l'eau de chaux a conservé toute sa limpidité : ceci prouve que *tout* l'acide carbonique qui se trouvait dans l'air a été retenu par les feuilles, qui l'ont remplacé par un volume équivalent d'oxygène. Ce gaz était pourtant dilué dans une masse considérable ; néanmoins l'absorption a été complète.

Dans l'obscurité, l'eau de chaux se troublerait de part et d'autre et accuserait même une dose plus grande d'acide carbonique du côté des feuilles, parce que le gaz dégagé par la respiration normale viendrait s'ajouter à celui de l'air. Il en serait de même au soleil si nous supprimions la fonction chlorophyllienne par un procédé convenable, par exemple en mélangeant à l'air des vapeurs de chloroforme qui paralysent l'action spéciale de la substance verte.

Cette fixation rapide de l'acide carbonique, malgré sa rareté dans l'air, ne peut guère s'expliquer que par une propriété particulière des surfaces absorbantes des feuilles ; il est probable qu'elles se laissent traverser beaucoup plus aisément par l'acide carbonique que par les gaz dominants de l'air, oxygène, azote, et sans doute cette facilité de passage compense sa faible quantité.

A travers de petites ouvertures, un gaz pénètre plus vite s'il est plus léger. Si l'introduction d'acide carbonique dans les tissus verts avait lieu par de petits trous, elle serait donc assez lente, puisque ce gaz est notablement plus lourd que l'air.

Mais, en réalité, le passage a lieu au travers de membranes qui ont quelque analogie avec le caoutchouc. Or, le caoutchouc se laisse traverser par les gaz avec des vitesses tout à fait spéciales ; l'acide carbonique est celui qui passe le plus vite. A pression égale, il passe quatorze fois plus rapidement que l'azote ; on conçoit donc que, si les surfaces végétales se comportent comme le caoutchouc, l'acide carbonique, malgré la très faible pression propre qu'il possède dans l'air, les franchira assez promptement. Cette analogie entre le caoutchouc et les membranes des feuilles vertes pour les échanges gazeux a été l'objet de recherches directes de notre regretté collègue Barthélemy, et l'expérience a paru la confirmer assez exactement.

Atmosphère riche en acide carbonique. — La fixation de carbone serait-elle plus rapide si la proportion de l'acide carbonique dans l'air était un peu moins faible ? La végétation serait-elle plus prospère dans une atmosphère enrichie de gaz carbonique ? Gagnerait-on dans la pratique à réaliser cet enrichissement ?

Il est assez difficile de répondre avec certitude. La chose, toutefois, paraît probable, et il y a lieu de penser que la végétation de la période houillère, qui a immobilisé dans la terre de si grandes quantités de carbone, s'est développée dans une atmosphère plus riche en gaz carbonique, et par conséquent plus favorable à l'activité végétale.

Cependant, certains essais de culture institués dans des serres où l'air était enrichi d'acide carbonique n'ont donné que des résultats négatifs : les plantes, loin de s'accroître plus vite, ont souffert, et MM. Déhérain et Maquenne ont conclu que l'accroissement de gaz carbonique était plutôt défavorable. Toutefois, les conditions de ces expériences ont été trop spéciales pour qu'il soit permis d'en tirer une conclusion générale[1].

1. Voir la note de la page 25.

Mode de fixation du carbone. — L'acide carbonique qui a pénétré dans les organes verts de la plante se fixe sans doute sur la chlorophylle ; par l'intervention de la lumière, sa réduction a lieu ; de l'oxygène est mis en liberté, remplacé par une nouvelle quantité d'acide carbonique, et ainsi de suite, tant que l'illumination solaire continue.

Sous quelle forme reste le carbone ? Ce n'est pas certainement sous forme de charbon ; jamais il ne se montre à l'état libre ; mais, au fur et à mesure, il se combine avec l'eau pour produire des hydrates de carbone, amidon, glucose, dextrine, cellulose, si abondants dans la constitution des plantes. L'insolation fait apparaître l'amidon dans les cellules à chlorophylle, et le microscope permet en quelque sorte d'assister à la formation des grains solides de cette substance au sein du milieu liquide de la cellule.

La sève brute, très riche en eau, qui monte du sol vers les feuilles, contient avec l'eau une certaine quantité de composés minéraux, et spécialement des nitrates ou des sels ammoniacaux qui, au contact des hydrates de carbone, forment des substances nouvelles, et, en particulier, ces matières complexes dites albuminoïdes nécessaires à la vie de tous les êtres.

La sève, débarrassée de son excès d'eau par la transpiration des feuilles, redescend dans les parties inférieures de la plante et leur apporte la nourriture élaborée par l'action chlorophyllienne.

Nutrition carbonée issue du sol. — L'acide carbonique aérien réduit par les plantes vertes est-il la seule source où ces plantes puisent leur carbone ?

Ne peuvent-elles pas en emprunter au sol, soit directement sous forme de matière organique carbonée ou même azotocarbonée, immédiatement absorbée par les racines, soit indirectement sous forme d'acide carbonique qui, dissous par la sève ascendante, arrive avec elle dans les feuilles et y subit l'action chlorophyllienne?

C'est là une question dont l'importance est visible, non seulement du côté théorique, mais encore au point de vue de la pratique agricole. Les engrais carbonés apportent-ils aux récoltes une source abondante d'alimentation carbonée?

Les avis sont assez partagés sur ce sujet. Quelques-uns croient que la matière carbonée du sol ne sert jamais à fournir du carbone à la plante verte : l'acide carbonique de l'air y suffit seul.

D'autres, au contraire, avec Boussingault, estiment que la matière organique de la terre fournit par sa combustion lente, du gaz carbonique qui, charrié jusqu'aux feuilles par les sucs végétaux, y est réduit par la chlorophylle sous l'influence de la lumière.

Certains savants pensent que la substance organique du sol arable peut directement être absorbée par les racines et concourir tout de suite à la nutrition des végétaux. C'est ce qui a lieu visiblement pour les plantes sans chlorophylle non parasites. Le sol sur lequel vivent les champignons est toujours pourvu de débris végétaux en décomposition; c'est dans leur substance qu'ils puisent leur nourriture. La néottia, plante sans chlorophylle de la famille des orchidées, vit de la même façon. Il semblerait assez difficile d'admettre que ce genre de nutrition n'existe jamais dans les plantes vertes [1].

Quoi qu'il en soit, et c'est là un point bien établi qui diminue beaucoup l'importance pratique de ces désaccords scientifiques, *la nutrition carbonée des plantes vertes, à partir de la matière organique du sol, est, si elle existe, peu importante;* c'est presque exclusi-

1. Certaines expériences sur la culture des betteraves, récemment publiées par M. Déhérain, sont favorables à cette utilisation directe de la matière carbonée de la terre.

vement par la réduction de l'acide carbonique atmosphérique que ces plantes se nourrissent de carbone.

Ce qui le prouve bien, c'est qu'il est impossible pour un végétal vert de vivre et de se développer dans une atmosphère privée d'acide carbonique, alors même que le sol contiendrait beaucoup de matières organiques. Une plante verte placée sous une cloche, à côté de chaux éteinte qui absorbe tout l'acide carbonique, jaunit, perd ses feuilles et ne tarde pas à périr.

Travail de l'énergie solaire. — Nous venons de voir que le carbone des végétaux leur vient à peu près tout entier de l'acide carbonique contenu dans l'atmosphère. Cet acide carbonique, composé chimique très stable, que peuvent à peine ébranler les plus puissants moyens de destruction que possèdent nos laboratoires, les végétaux le réduisent facilement sous l'action de la lumière. La radiation solaire accomplit là un gigantesque travail chimique, l'énergie s'emmagasinant ainsi dans les végétaux en quantités énormes. C'est cette énergie, dissimulée provisoirement dans la matière des plantes, que nous faisons reparaître en l'utilisant sous forme calorifique, quand dans nos foyers ou dans ceux de nos machines nous brûlons les végétaux ou les charbons fossiles qu'ils ont formés jadis. C'est elle aussi qui reparaît, lorsque l'animal, qui avant tout est un organisme d'oxydation, se nourrit du végétal et consume sa matière, engendrant par elle de la chaleur et du mouvement. Les combustions, la respiration régénèrent l'acide carbonique, et de nouveau l'énergie solaire le reprendra pour se fixer sur la plante avec le carbone qu'il renferme.

Le règne végétal nous apparaît donc comme un accumulateur immense, où l'énergie solaire s'enferme peu à peu et demeure dans la suite à la disposition de l'homme et des animaux.

CHAPITRE III

LE SOL

L'air est partout et toujours semblable; sa composition reste sensiblement constante et nous serions incapables de la modifier artificiellement. Il faut accepter l'atmosphère telle qu'elle est, comme il faut subir les conditions météorologiques qui la gouvernent. L'atmosphère, grâce à la lumière solaire, fournit le carbone aux végétaux; la majeure partie, sinon la totalité du carbone vient à la plupart des plantes, de l'acide carbonique aérien. *Nous n'aurons plus à nous inquiéter désormais de l'alimentation carbonée de nos récoltes;* l'air y suffit, et nous n'y pouvons à peu près rien.

Mais si l'atmosphère, milieu où se développent les tiges, les feuilles, les fruits, demeure toujours identique, il n'en est pas de même du sol, où se trouvent les racines. Rien n'est plus variable que le sol, la nature du sol changeant pour ainsi dire à l'infini.

Heureusement, et en raison même de cette variabilité de la surface terrestre, nous pourrons modifier cette nature. Si un sol est mauvais, c'est-à-dire impropre ou peu favorable à la culture, il sera possible de le rendre fertile, en lui fournissant certaines matières, ou bien en lui enlevant quelques principes. L'amélioration des sols est un des problèmes fondamentaux de la chimie agricole. Mais pour améliorer, il faut connaître, et savoir distinguer les qualités et les défauts.

Définition du sol et du sous-sol. — Avec de Gasparin, nous appellerons *sol*, la couche supérieure de nos champs de culture, jusqu'à la profondeur où la nature minérale commence à changer.

Cette couche peut offrir des épaisseurs extrêmement variables, depuis quelques centimètres jusqu'à plusieurs mètres. Au-dessous se trouvent des couches de natures différentes qui reposent finalement sur une assise homogène, rocheuse, imperméable, formée par exemple de calcaire compacte, de marne ou d'argile. On appellera *sous-sol*, l'ensemble des couches qui séparent le sol de l'assise imperméable inférieure.

Il est visible qu'avec une telle définition, le sous-sol pourra manquer; alors le sol repose directement sur la couche imperméable rocheuse.

D'ordinaire les labours n'atteignent pas jusqu'à la profondeur totale du sol. On nomme spécialement *sol actif*, la tranche supérieure de terre arable, qui est remuée par le labour.

On réserve le nom de *sol inerte*, aux couches du sol situées au-dessous du sol actif, et par conséquent respectées par le travail ordinaire de la terre[1].

Il faudrait se garder de croire que le sol actif intervient seul dans la végétation; le sol inerte et le sous-sol interviennent aussi toujours. Car les racines des diverses cultures descendent très profondément si elles ne rencontrent pas une couche imperméable. Le blé envoie ses racines jusqu'à 1^m50, la betterave arrive à 2^m50, la luzerne descend encore plus bas, quand la terre le lui permet.

Il serait donc peu raisonnable de se borner à étudier le sol meuble des labours. Le sol inerte et le sous-sol

1. Beaucoup d'agriculteurs appellent *sous-sol* la couche située au-dessous du *sol actif*. Cette désignation nous paraît moins avantageuse que celle de M. de Gasparin, qui sera toujours employée dans le cours de ces leçons.

collaborent aussi à la nutrition des racines, et, comme nous le verrons plus loin, la végétation de certaines cultures est plus active à une certaine profondeur qu'au voisinage de la surface.

Formation de la terre arable. — Pour faire bien connaître la constitution de la terre arable, il convient de donner quelques indications sur la manière dont elle a été formée.

Formation sur place. — Certains sols ont été produits ou se produisent encore, sur place, par la désagrégation des roches qui les supportent. Les principaux agents qui interviennent dans cette *pourriture* lente des roches, sont l'eau, l'acide carbonique et les racines végétales elles-mêmes.

Assistons par la pensée à la destruction d'une des roches les plus dures, d'une roche granitique. Le *granit* est constitué par le mélange de trois matières cristallisées différentes, le quartz, le feldspath, le mica. Le quartz, très dur, capable de rayer le verre, est formé de silice à peu près pure ; le cristal de roche en est une variété transparente. Le feldspath possède une dureté voisine de celle du verre, c'est une combinaison de silice avec l'alumine et la potasse (ou la soude). Le mica qui se présente en feuillets transparents d'une faible dureté, est un silicate mixte d'alumine, de magnésie et de potasse.

Entre les parcelles dissemblables ainsi associées, il existe toujours quelque fissure étroite, où l'humidité s'engage ; quand survient une gelée intense, la glace qui s'y produit, occupe un volume plus grand que l'eau qui la fournit. La fente doit nécessairement s'élargir, et fréquemment il en résultera un émiettement du rocher.

Les fragments de grande surface ainsi éparpillés, reçoivent l'eau pluviale toujours chargée d'une certaine dose d'acide carbonique, qui attaque lentement le feldspath en produisant du carbonate de potasse que l'eau dissout et entraîne, et après un temps suffisamment long, il ne reste plus au lieu du feldspath qu'un silicate d'alumine hydraté, qui n'est autre que l'*argile*, conservant toujours une certaine quantité de potasse.

Le mica subit des transformations analogues et se change en argile riche en magnésie.

Quant au quartz, il est demeuré à peu près inaltéré et les actions réitérées des gelées successives ont pu seulement le réduire en débris : ce sont des grains de sable, qui demeurent mélangés à l'argile.

Des algues, des mousses, des lichens, issus de germes que le vent apporte, apparaissent et commencent à végéter sur ce sol nouveau ; leurs racines se frayant un passage au travers des interstices du rocher, contribuent encore à accélérer le travail de désagrégation. Pourvu que l'humidité soit suffisante, ils peuvent ainsi vivre et acquérir un développement assez notable, prenant le carbone à l'atmosphère, se contentant de l'azote apporté par les pluies sous forme d'ammoniaque ou de produits nitriques. Puis ces plantes meurent et sont remplacées par d'autres, mais leurs dépouilles gisent sur le sol, leurs racines le pénètrent, et la terre nouvelle cesse d'être exclusivement minérale, elle contient désormais une certaine proportion de matière organique, de ce que nous appelons l'*humus*.

Ainsi, sur des plateaux granitiques, la roche nue se recouvre à la longue d'une couche plus ou moins épaisse de terre meuble. L'épaisseur ira sans cesse en augmentant si les eaux pluviales n'entraînent pas en dehors de la couche les éléments ténus. Un certain nombre de sols se sont formés de la sorte ; leur valeur agricole est très variable, selon la nature minéralogique du granit et suivant l'importance de la couche ameublie.

Si le granit est très siliceux, peu feldspathique, l'altération est fort lente à se produire, et la terre qui en provient renferme surtout du quartz, mélangé de petites quantités d'argile. C'est un sol sablonneux, léger, perméable, d'épaisseur toujours très faible, fort mauvais pour la culture. Dans les Cévennes, en Bretagne, on en rencontre assez fréquemment.

Au contraire, si le granit est très feldspathique, son altération est facile, l'argile devient prédominante. La terre est assez épaisse, compacte, et convient pour beaucoup de cultures ; les argiles étant toujours assez riches en potasse et en magnésie, il ne leur manquera que du calcaire et de l'acide phosphorique.

Les *gneiss*, qui ne sont guère que des granits où domine le mica, éprouvent des transformations analogues ; mais le plus souvent, les sols qui en résultent sont de mauvaise qualité et d'épaisseur minime.

Les *schistes* ou *micaschistes*, si abondants dans les terrains anciens, sont spécialement constitués par des silicates multiples d'alumine, potasse, magnésie. Ils se désagrègent assez promptement en donnant une terre presque exclusivement formée d'argile plus ou moins ferrugineuse. Les sols ainsi produits sont très compactes, assez riches en potasse, mais à peu près complètement dépourvus de chaux et d'acide phosphorique. L'absence relative de ces deux derniers éléments est d'ailleurs un caractère commun à tous les sols issus des terrains anciens.

Les *roches volcaniques*, basaltes, trachytes, laves, ont une constitution plus complexe que le granit ; ce sont des aggrégats d'un assez grand nombre de minéraux, silicates doubles d'alumine, de chaux, de magnésie, de potasse, de fer. En présence des eaux pluviales chargées d'acide carbonique, la chaux, la magnésie, la potasse sont transformées en carbonates, pendant que les silicates d'alumine fixent de l'eau et passent à l'état d'argile. Après une période suffisamment longue, il se produit ainsi une couche terreuse fine, comprenant non seulement de la silice et de l'argile riche en potasse, mais aussi de la chaux, du fer, de l'acide phosphorique, c'est-à-dire tous les éléments minéraux des terres fertiles aptes à toute production agricole. Malheureusement les régions à roches volcaniques sont une exception.

Les *roches calcaires* sont formées à peu près exclusivement de carbonate de chaux, plus ou moins mélangé de carbonate de magnésie. Ici, l'agent principal d'altération est l'eau chargée d'acide carbonique qui dissout assez bien le carbonate de chaux, mais le dissout avec des vitesses fort inégales, ce qui aide beaucoup à la séparation des grains calcaires. Les calcaires cristallins, tels que le marbre, ne sont désagrégés que très difficilement, tandis que les roches crayeuses se délitent promptement.

Le plus souvent, les calcaires contiennent des doses notables d'acide phosphorique, mais sont très pauvres en potasse. Les sols qui en résultent sont en général excessivement secs et, par suite, fort stériles pour un grand nombre de cultures.

Formation du sol par transport. — La terre arable formée sur la roche et y demeurant, est une exception. Habituellement le sol de nos champs y a été transporté par le mouvement des eaux.

Nous assistons chaque jour à ces effets. Quand une pluie torrentielle tombe sur une couche de terre d'inclinaison notable, une grande partie de l'eau ne pénètre pas, mais ruisselle sur la surface, entraînant dans son mouvement les particules les plus ténues de la couche.

Par certaines pluies d'orage, la couche tout entière peut quelquefois être entraînée.

L'eau chargée de matières terreuses, arrive dans la plaine et là, elle s'arrête, ou du moins elle perd la plus grande partie de sa vitesse. Les parcelles les plus lourdes se précipitent d'abord, puis les plus légères, et le sol de la plaine se trouve ainsi recouvert des matières qui, avant l'orage, occupaient le flanc du coteau.

La terre végétale abandonne ainsi peu à peu le penchant des collines et des montagnes, et la dénudation, qui devient de plus en plus rapide, ne tarde pas à être complète et irrémédiable, si on ne s'y oppose, soit en gazonnant les pentes ou en les reboisant parce que le lacis des racines s'oppose à l'entraînement des particules terreuses, soit en disposant de distance en distance de petits murs qui retiennent le sol en échelons horizontaux.

Une partie notable des matières terreuses est emportée par les eaux jusqu'aux rivières, qui les roulent à la mer. C'est par millions de mètres cubes, qu'il faut compter les masses énormes ainsi jetées chaque année dans la profondeur des mers, et ce sont précisément les éléments les plus ténus, et par suite les plus aptes à la nutrition végétale, qui se trouvent de la sorte soustraits à l'agriculture par le labeur incessant des eaux. D'après Hervé-Mangon, la Durance seule emporte ainsi annuellement 11 millions de mètres cubes de limon, contenant 14,000 tonnes d'azote dans un état nutritif excellent pour les récoltes. Cet exemple suffit pour démontrer combien il serait désirable de s'opposer à cette perte naturelle, ou tout au moins d'utiliser autant que possible ces limons pour le colmatage des terres riveraines[1].

Des phénomènes analogues, mais d'une puissance gigantesque, ont eu lieu jadis aux périodes géologiques antérieures : d'immenses volumes d'eau, se précipitant du haut des montagnes vers les mers, ont recouvert certaines régions des continents d'une couche épaisse de débris arrachés aux flancs des rochers. Ces dépôts diluviens, dont la puissance est parfois très grande,

1. Voir plus loin le tableau de la richesse des divers limons.

sont formés par le mélange de toutes les matières constituantes des montagnes; et comme celles-ci sont, les unes granitiques, les autres calcaires, le diluvium contient le plus souvent les résidus des unes et des autres : la terre végétale qui en résulte pourra être riche à la fois en sable, argile et potasse, et en calcaire et acide phosphorique.

Les proportions respectives de ces éléments, ainsi que leur mode d'association, varient beaucoup selon les conditions d'origine. Certaines alluvions anciennes sont formées de particules très fines, d'autres surtout de gros cailloux roulés, exactement comme les alluvions récentes que nous observons dans le lit de nos fleuves, se composent, tantôt de galets et de sable, tantôt de vase et de limon.

Constitution normale de la terre arable. — D'après ce qui précède, les terres arables contiennent habituellement trois matières distinctes : sable siliceux plus ou moins fin, argile, calcaire.

Un sol formé d'une seule de ces matières se montrerait stérile. Le mélange des trois constitue la terre normale : une terre ne peut être regardée comme complète que si elle renferme ces trois éléments associés en certaine proportion.

Il doit y avoir aussi une quatrième substance, c'est la matière organique ou *humus*. Nous avons dit plus haut comment elle prenait naissance par l'effet de la végétation spontanée qui se développe sur le sol nouveau. L'humus renferme à la fois du carbone, de l'hydrogène, de l'oxygène, de l'azote.

Recherche pratique des éléments physiques d'une terre. — Les quatre constituants des sols arables, sable, argile, calcaire, humus, peuvent être mis en évidence par des expériences très simples.

Nous délayons dans l'eau un peu de terre : le sable

et la majeure partie du calcaire, précipitent au fond du vase: l'argile et le calcaire impalpable demeurent suspendus dans le liquide, qu'on sépare par décantation.

Versons sur le résidu solide un peu d'acide chlorhydrique (esprit de sel) ou simplement un peu de vinaigre fort (acide acétique); s'il y a du *calcaire,* il se dissout en dégageant avec effervescence du gaz acide carbonique. Ce qui reste inattaqué par l'acide, c'est le *sable,* formé de silice pure ou de silicates naturels très peu altérables.

Au liquide trouble, qui contient l'argile, ajoutons un peu d'acide chlorhydrique (ou de vinaigre) pour dissoudre le calcaire très fin qui est en suspension, puis laissons reposer : l'*argile*[1] se précipite au fond du vase en une couche pâteuse, qui, mise à sécher, se fendille en fragments irréguliers.

Pour constater la présence de l'*humus,* nous mettrons un peu de terre à digérer avec de l'ammoniaque. Si la terre contient de l'humus, la liqueur filtrée au bout de quelque temps, est colorée en brun; si elle n'en contient pas, le liquide est incolore ou à peu près. Quand dans la liqueur brune, on ajoute peu à peu de l'acide chlorhydrique étendu (ou du vinaigre), l'humus, qui se trouvait d'abord en combinaison avec l'alcali, est séparé par l'acide et se précipite en flocons brunâtres.

Analyse physique de la terre arable. — Les essais grossiers que nous venons de décrire peuvent seulement nous indiquer la présence des éléments constituants du sol; mais ils ne sauraient nous renseigner sur leurs quantités relatives. Leur rapport, très variable, a une grande influence sur l'aptitude des sols

1. Mélangée de sable très fin.

à la culture et à la nutrition végétale. Pour le déterminer, on a recours, dans les laboratoires de chimie agricole, à certains procédés spéciaux, dont l'ensemble porte le nom d'*analyse physique* (ou *mécanique*) des terres.

Les résultats de cette analyse servent le plus souvent de base à la classification pratique des terres végétales. Malheureusement, les diverses méthodes analytiques ne conduisent pas à des résultats comparables, ce qui peut donner lieu à des confusions fâcheuses, si on n'y prend garde.

La méthode la plus parfaite a été instituée par M. Schlœsing ; nous ne nous arrêterons pas à la décrire, parce que ses opérations ne peuvent être exécutées en dehors d'un laboratoire. Nous donnerons seulement, d'après l'auteur, à titre d'exemple, les résultats d'une de ses analyses.

1,000 grammes de terre desséchée à l'air contiennent :

21 grammes de cailloux,
33 — de gravier (passant au tamis de 5mm[1]),
1 — de débris organiques,
945 — de terre fine (pass. au tamis de 1mm).

Ces 945 grammes de terre fine renferment :

432 grammes de gros sable, comprenant :

305 grammes de sable non calcaire,
119 — de sable calcaire,
8 — de débris organiques ;

et 513 grammes d'éléments fins, constitués par :

314 grammes de sable fin non calcaire,
114 — de sable fin calcaire,
85 — d'argile.

1. C'est-à-dire où l'écartement des fils est de 5 millimètres.

Ce procédé, très exact, est le seul qui permette d'arriver à l'évaluation précise de la quantité d'argile.

La méthode indiquée antérieurement par M. de Gasparin est beaucoup plus simple, mais moins correcte. Cependant, comme elle est susceptible d'être pratiquée par les agriculteurs eux-mêmes, et peut donner des indications précieuses sur la nature des terres, nous la décrirons, avec quelques modifications, dans une Note placée à la fin de cet ouvrage. (Note 1.)

Classification des terres. — La plupart des classifications reposent sur l'analyse physique, les divers sols étant caractérisés par l'élément qui y prédomine. Une terre normale moyenne renferme en général pour cent parties,

de 20 à 30 parties d'argile ou *impalpable* (n° 7 de la méthode Gasparin).
de 50 à 70 parties de sable (n°s 1 à 4).
de 5 à 10 parties de calcaire fin (n°s 5 et 6).
de 4 à 10 de matière humique.

Dès lors une terre sera dite *argileuse* si elle renferme plus de 30 % d'argile ; *sableuse*, si elle contient plus de 70 de sable ; *calcaire*, si elle contient plus de 10 de calcaire fin ; *humifère*, ou *terreau*, s'il s'y trouve plus de 10 % de matière humique. Par la calcination, les terreaux perdent au moins le cinquième de leur poids.

Entre ces divers sols, on conçoit des intermédiaires ; on distinguera : les terres argilo-sableuses, argilo-calcaires, sablo-calcaires, argilo-humifères, etc., et la simple dénomination indique suffisamment le sens de ces sortes de subdivisions.

La valeur agricole des sols sera visiblement en relation avec les proportions relatives de ces divers éléments, mais la connaissance de la nature physique ne suffit pas pour renseigner exactement sur ce point : il faut y joindre la notion précise des éléments fertilisants qui s'y trouvent contenus. Nous reviendrons sur ce sujet à propos de l'analyse chimique des terres.

Caractères tirés de la végétation spontanée. — Les plantes sauvages qui croissent spontanément sur les champs peuvent fournir sur la nature physique de leurs sols des renseignements utiles, auxquels il convient toutefois de ne pas attacher une importance exagérée. Le tableau suivant indique pour diverses sortes de terres, les végétaux les plus caractéristiques :

Terrains argileux.

Agrostide traçante (traînasse), tussilage pas d'âne (herbe de Saint-Quirin), lotier corniculé (pied du Bon Dieu), orobe tubéreux, laitue vireuse, hièble.

Terrains à sous-sol argileux.

Chicorée sauvage, inule.

Terrains argilo-calcaires ou marneux.

Potentille ansérine (herbe aux oies), potentille rampante (quintifeuille), chondrille joncée, anthyllide vulnéraire, mélique bleue, laitue vivace, sainfoin.

Terrains calcaires.

Trèfles, minette, mélampyre, fléoles, brunelle à grandes fleurs, boucage saxifrage, germandrée petit chêne, potentille printanière, anémone pulsatile, seslerie bleuâtre, arête-bœuf, mercuriale annuelle, sauge, gaude, coquelicot, fumeterre, chardon.

Terrains acides dénués de calcaire.

Oseille, matricaire, bruyère, ajonc, fougères, houlques, prêles.

Terrains sableux.

Spergules, pensées sauvages, houlque laineuse, élyme des sables, roseau des sables, agrostide, réséda jaune, avoine à chapelet, jasione des montagnes, fétuque rouge.

Terrains tourbeux ou humifères.

Carex, sphaignes, linaigrette, pédiculaire, jonc.

Terrains submergés.

Mâcre, fétuque flottante, laiches, souchets, nénuphars, roseau à balais, fléchière, plantin d'eau, menthe poivrée, épilobes, joncs, spirée ulmaire, menthe aquatique.

Terrains granitiques (argilo-sableux).

Digitale pourprée, arnica des montagnes, sureau à grappes, framboisier.

CHAPITRE IV

QUALITÉS PHYSIQUES DU SOL

Les fonctions du sol vis-à-vis des plantes sont multiples. La terre doit offrir aux racines un passage facile, ce qui exige une *mobilité* suffisante de ses particules. Inversement, elle doit retenir ces racines avec une force assez grande pour que le végétal se soutienne dans l'air et résiste aux actions mécaniques naturelles ; pour cela il faut qu'elle soit *tenace* et cohérente.

Elle est chargée de fournir aux racines l'air qui est nécessaire à la respiration de leurs tissus, et aussi l'eau et les aliments minéraux et azotés qui nourrissent la plante. Elle devra donc renfermer, en quantité suffisante et convenablement distribués, les *principes nutritifs* indispensables. Puisque l'air et l'eau proviennent de l'atmosphère, il faut que le sol les laisse passer, qu'il soit *perméable*, et qu'il se maintienne dans un bon état d'*humidité*. La végétation ne sera prospère que si les racines subissent faiblement les variations de température, et cela n'aura lieu que si la terre est *assez profonde*.

Laissons provisoirement de côté ce qui est relatif à la constitution chimique. Nous voyons qu'un sol doit posséder tout un ensemble de qualités physiques; il faut qu'il soit meuble, tenace, perméable, profond, d'une humidité convenable.

Ces conditions, qui sont plus ou moins bien réalisées

dans les terres, dépendent assez étroitement de leur constitution physique.

Rôle de l'argile et du sable. — L'argile pure fixerait une quantité d'eau considérable, en donnant une pâte liante très tenace, tout à fait imperméable à l'air et à l'humidité. Par la dessiccation, qui ne se produit que lentement, elle se fendille et devient tellement dure que les instruments aratoires peuvent à peine l'entamer. Il est inutile de dire qu'un pareil sol serait tout à fait stérile; mais on comprend que dans une terre l'argile donnera de la ténacité, diminuera au contraire la perméabilité et la facilité de travail, enfin contribuera à retenir l'humidité avec une certaine énergie.

Inversement, le sable pur conserve toujours en toute saison la mobilité et la perméabilité; mais il n'est pas assez tenace, il se dessèche très vite, et passe promptement d'une humidité extrême à une sécheresse absolue. En dehors de quelques cas exceptionnels, la végétation n'y serait guère meilleure que dans l'argile. Mais on voit que dans un sol pourvu d'argile le sable apportera ses qualités propres, donnant ainsi une terre de qualités physiques normales bien équilibrées. D'ailleurs, le sable et l'argile n'interviennent pas seuls; le calcaire et l'humus peuvent jouer un rôle important.

Ameublissement du sol. — Dans une terre normale, suffisamment pourvue d'argile, on augmente artificiellement l'ameublissement par les labours. Sous l'action de la bêche ou de la charrue, le sol actif est divisé en fragments séparés, au travers desquels l'air, l'eau, les radicelles, circulent plus aisément. Pour que l'effet du labour persiste, il faut que les particules de terre qui ont été soulevées demeurent retenues par une sorte de ciment. Ce ciment est le plus souvent l'*argile*, mais il peut aussi être l'*humus*.

Il faut aussi, autant que possible, que ce ciment résiste à l'action pluviale. M. Schlœsing a montré dans quels cas il en est ainsi.

La pluie tombant sur les mottes du champ labouré tend à entraîner l'argile en une sorte de coagulum; c'est ce qui arrive dans les terres argilo-sableuses pures, où le limon descend, bouchant les pores de la terre, qui perd toute sa perméabilité.

Rôle du calcaire. — Mais *si le sol contient du calcaire*, la pluie en dissout aussitôt une petite quantité, et cette dose minime suffit pour que l'eau, devenue calcaire, ne puisse plus entraîner l'argile qui demeure coagulée là où elle est.

La coagulation des limons par les sels calcaires est facile à vérifier par l'expérience. Dans deux filtres identiques on place une même terre non calcaire, et on arrose l'un des filtres avec de l'eau distillée, l'autre avec de l'eau calcaire; celle-ci traverse absolument limpide, tandis que l'eau pure s'est chargée d'argile et passe trouble.

Nous assistons quotidiennement à des phénomènes de ce genre : les eaux de rivière, pauvres en calcaire, se maintiennent longtemps troubles, mais il suffit d'un affluent calcaire pour les purifier.

Les eaux de la Seine, assez calcaires, se clarifient promptement, tandis que la Loire et la Garonne, qui renferment très peu de chaux, demeurent très longtemps limoneuses. Le Rhône, peu calcaire au sortir du Valais, arrive très trouble au lac de Genève, dont l'eau est assez calcaire, et aussitôt la clarification s'opère : le fleuve sort du lac à Genève avec une limpidité merveilleuse.

Les fleuves limoneux, parvenus à la mer, se débarrassent aussitôt de leur limon, parce qu'ils trouvent dans l'eau de mer une grande dose de sels qui coagulent l'argile.

C'est par un mécanisme tout semblable que l'argile se trouve coagulée dans les terres qui contiennent du calcaire, et grâce à cette coagulation, la perméabilité peut persister.

Rôle de l'humus. — L'*humus* peut remplacer l'argile pour cimenter les particules terreuses; en l'absence d'argile, certains sols doivent à l'humus la ténacité qui permet à l'ameublissement de subsister. C'est ce qu'on a remarqué pour quelques terres de forêts, constituées par un mélange de sable et de matière humique. La vieille pratique agricole avait formulé cette observation dans l'adage connu : *Le terreau donne du corps aux terres trop légères.*

L'humus, qui peut en quelque manière remplacer l'argile comme ciment du sol, peut également, par une propriété inverse, tempérer les propriétés de l'argile trop tenace; il l'empêche de trop durcir par la dessiccation; c'est ce qu'exprime une autre maxime agricole : *Le terreau ameublit les terres trop fortes.*

M. Schlœsing a vérifié expérimentalement cette propriété avec des mélanges artificiels de matière humique et d'argile pure.

Le rôle de l'humus est, par suite, fort important même au point de vue purement physique. Il faut donc en assurer le maintien. L'emploi exclusif des engrais chimiques conduit fréquemment à une forte diminution de l'humus, nuisible à la fertilité du sol. Les engrais minéraux étant répandus seuls, on aura sans doute une succession de très belles récoltes; mais, l'humus venant à manquer, il pourra arriver que la terre devienne trop forte ou trop légère, par suite inapte à une végétation prospère. L'humus, qui pendant de longues années a été considéré comme inutile, doit au contraire être regardé comme un élément capital.

Humidité du sol. — Il faut nécessairement que la

terre contienne une certaine quantité d'eau. Aucune végétation n'est possible si les racines ne peuvent fournir à la plante de l'eau pour remplacer celle qui est incessamment exhalée par la transpiration des feuilles. Grâce à l'évaporation continuelle qui a lieu sur la surface des organes, un courant s'établit à travers les tiges, qui transporte jusqu'aux feuilles les matières nutritives prises dans le sol. Si la terre est trop sèche, ce courant doit s'arrêter ; le végétal se flétrit et meurt.

Le sol reçoit de l'eau par les pluies, par les rosées et les brouillards : il peut aussi, quand il est desséché, en fixer au contact de l'air très humide.

Il perd l'eau, soit par la transpiration végétale, soit par l'évaporation qui a lieu sur sa surface, soit par l'infiltration dans le sous-sol.

Le bon état d'humidité d'un sol résulte d'un équilibre convenable entre ces gains et ces pertes.

Imbibition des sols. — Quand une pluie abondante tombe sur la terre arable, une partie la traverse sans s'y arrêter, une portion y demeure retenue par les particules terreuses. La valeur de cette imbibition est assez variable : elle dépend non seulement de la nature physique des terres (les argileuses ou humifères s'imbibant mieux), mais encore et au plus haut degré de la ténuité des particules qui les constituent. Les sols qui retiennent le plus d'eau sont ceux dont les éléments sont très fins et incapables de s'agglomérer en particules plus grosses.

Elle est aussi en relation avec l'épaisseur du sol, la perméabilité du sous-sol et la profondeur à laquelle se trouve la couche rocheuse imperméable qui arrête les infiltrations.

Hygroscopicité des terres. — Les terres végétales placées dans l'air humide fixent plus ou moins d'eau, mais cette *dose est toujours assez minime.* Schübler a trouvé, dans les conditions les plus favorables, qu'elle était nulle dans le sable siliceux, très faible dans le sable calcaire, moyenne dans l'argile ou les terres argileuses, maxima dans l'humus ou le terreau de jardinier.

Aptitude à la dessiccation. — Dans l'air sec, les terres humides se dessèchent avec des vitesses assez différentes. Toutes choses égales, la dessiccation est rapide dans le sable, beaucoup plus lente dans les sols argileux, encore moins active dans les terres riches en humus. La dimension des particules terreuses influe beaucoup sur le phénomène, qui est d'autant plus ralenti que les éléments sont plus ténus.

Pratiquement, l'évaporation se produisant à la surface, il se forme au bout de quelque temps une croûte sèche qui constitue pour les couches profondes une sorte de bouclier contre la dessiccation. Les terres argileuses ou à éléments très fins sont les plus sujettes à cette sorte d'effet.

Drainage. — Le sol doit être constamment humide, mais il ne faut pas qu'il soit imbibé d'eau : sinon l'air ne peut plus circuler autour des racines; la respiration normale de celles-ci n'a plus lieu, et au contact des eaux stagnantes les radicelles s'altèrent et finissent par subir une sorte de putréfaction plus ou moins rapide, à laquelle résistent seuls quelques végétaux devenus par ce fait caractéristiques des terres trop humides. (Voir ci-dessus au chapitre III.)

Cet inconvénient ne se produit pas, si le sous-sol est perméable et permet l'infiltration vers les couches profondes des eaux pluviales accumulées. Quand il a lieu, il convient de pratiquer le *drainage,* qui crée pour ainsi dire un sous-sol perméable artificiel.

Influence du climat. — Les conditions climatériques, régime des pluies, état hygrométrique de l'atmosphère, ont une influence directe sur les conditions d'humidité des sols. Une terre argilo-calcaire à particules ténues, qui absorbe l'eau aisément et la retient avec énergie, sera très mauvaise pour les cultures dans un pays pluvieux et humide, tel que l'Angleterre, la Normandie, la Bretagne; elle sera, au contraire, très favorable sous le climat sec de la Provence.

Température du sol. — La végétation exige que le sol reçoive une certaine quantité de chaleur, d'ailleurs fort variable avec les cultures. Cette chaleur vient à peu près exclusivement des rayons solaires. C'est à tort qu'on a pensé qu'une portion notable peut provenir de la combustion lente du fumier et des matières humiques. M. Schlœsing a montré que les masses de fumier répandues dans la grande culture ne donnent lieu qu'à un effet thermique absolument négligeable; cet effet peut, au contraire, devenir assez grand dans la culture maraîchère, qui accumule sur certains points des poids énormes de fumier.

L'intensité de l'échauffement des terres dépend évidemment de la température de l'air et de la puissance des rayons solaires; elle dépend aussi de l'orientation du champ et de la nature du sol qui le recouvre.

Une terre humide se réchauffe beaucoup moins qu'une terre sèche, à cause de l'évaporation plus active qui a lieu à la surface. Ainsi, Schübler a trouvé qu'une terre sèche exposée au soleil atteignait la température de 35°, alors que la même terre humide placée tout à côté n'avait que 27°.

La *coloration* a une influence très marquée. Les terres blanches ou de couleur claire renvoient beaucoup de rayons solaires, donc en absorbent peu et demeurent plus froides. Les terres sombres absorbent énergiquement la lumière du soleil; elles sont plus chaudes et la végétation y est plus hâtive. L'addition à une terre blanche de matières brunes charbonneuses ou ferrugineuses lui permet de s'échauffer davantage, et cette pratique simple peut quelquefois offrir des avantages précieux.

Pouvoir absorbant du sol. — Les racines des plantes doivent trouver dans le sol les substances nutritives nécessaires, soit que ces matières aient été élaborées par le sol lui-même, soit qu'elles lui aient été apportées par les eaux pluviales ou par des engrais.

La pluie, parfois très abondante, tombe sur la surface des champs, en pénètre la terre et la traverse pour s'enfoncer dans les profondeurs du sous-sol, où elle disparaît naturellement ou par le drainage. Cette eau, qui imbibe complètement le sol dans toute sa masse, rencontre sur son passage les substances alimentaires qui se trouvent à la disposition des racines. Va-t-elle les dissoudre et les emporter, supprimant la fécondité de la terre, rendant inutiles et ruineux les efforts que l'homme a faits pour l'améliorer en y ajoutant ces principes ? En un mot, y a-t-il lieu de craindre que la pluie ou l'irrigation enlèvent au sol les aliments solubles destinés à la plante ?

C'est là une question majeure à laquelle nous pouvons heureusement répondre avec certitude. La terre arable possède en général la propriété capitale d'absorber et de retenir la plus grande partie des principes fertilisants.

Elle fixe l'ammoniaque, la potasse, l'acide phosphorique : l'eau, même très abondante, ne peut plus entraîner ces principes, ou du moins n'en peut emporter que des doses très petites. Au contraire, *les nitrates ne sont pas fixés*, et s'il s'en trouve dans le sol au moment de pluies importantes ou d'irrigations prolongées, *l'eau les enlèvera en totalité ou à peu près.*

Le pouvoir absorbant de la terre a été découvert en 1848 par Huxtable et Thomson. Si on fait filtrer du purin à travers une couche de terre végétale, on recueille un liquide incolore et sans mauvaise odeur. Si au purin, liquide complexe riche en matières organiques en même temps qu'en carbonate d'ammoniaque, on substitue une dissolution d'ammoniaque ou d'un sel ammoniacal, carbonate, chlorhydrate, nitrate, sulfate, on constate qu'une partie considérable, sinon la totalité de l'ammoniaque, se trouve arrêtée par la terre et fixée sur ses particules.

En remplaçant la liqueur ammoniacale par une dissolution d'un sel de potasse, on trouve que la potasse se fixe de la même manière et ne peut plus être enlevée par un courant d'eau pure.

En vertu de quel mécanisme l'ammoniaque, la potasse, et aussi l'acide phosphorique, sont-ils ainsi arrachés aux liquides qui les renferment, et rendus insolubles, à peu près immobilisés sur les parcelles terreuses ?

La vraie cause du phénomène est assez difficile à préciser : est-on en présence d'une sorte de combinaison chimique, ou bien la fixation se produit-elle par une espèce d'attraction physique à laquelle on a donné le nom d'*affinité capillaire ?*

Le verre condense sur sa surface une certaine dose d'humidité, et la retient énergiquement même dans une atmosphère sèche : les machines électriques refusent fréquemment de fonctionner pour ce motif.

Dans beaucoup de réactions chimiques, des substances précipitées à l'état solide au sein d'un liquide, entraînent et conservent fortement au lavage des matières très solubles qui se trouvaient dissoutes. Par exemple, si dans de l'eau colorée en rose intense par la cochenille nous ajoutons de l'alumine blanche gélatineuse[1], par l'agitation, l'alumine prend toute la

1. Telle qu'on l'obtient en précipitant une solution d'alun par du carbonate de soude.

couleur : si l'on filtre, le liquide passe tout à fait incolore, l'alumine teinte en rose reste sur le filtre. C'est ce qu'on appelle une laque de carmin. La couleur y est fixée par affinité capillaire, et elle résiste aux lavages les plus prolongés.

Dans la teinture, c'est de cette façon que les matières colorantes se fixent sur les tissus. C'est aussi par un mécanisme semblable que le vin peut être décoloré par filtration sur du noir animal.

Dans tous ces exemples, la couleur est fixée, non combinée ; il en est de même sans doute dans la terre végétale : l'ammoniaque, la potasse, l'acide phosphorique s'attachent aux éléments du sol, et une fois fixés, ne peuvent être enlevés, même par un lavage prolongé.

Éléments doués du pouvoir absorbant. — Way a prouvé que le pouvoir absorbant n'existe ni dans le sable pur ni dans le calcaire pur. Au contraire, *l'argile et l'humus le possèdent*. L'une et l'autre de ces substances peuvent énergiquement retenir les matières fertilisantes ; une seule d'entre elles suffit. C'est ainsi que les terres noires de Russie, terres très fertiles composées d'un mélange d'humus et de sable blanc un peu calcaire, possèdent au plus haut degré, grâce à l'humus, la propriété absorbante, comme l'a montré M. Grandeau.

Les sols dépourvus à la fois d'argile et d'humus sont incapables de fixer les substances fertilisantes, et ce sera pour eux une cause puissante d'infériorité, qui subsistera tant qu'on n'aura pas artificiellement introduit l'un des deux éléments qui font défaut.

Voilà donc encore une qualité précieuse de l'argile et de l'humus, ces deux éléments dont quelques agronomes, préoccupés seulement de la composition chimique des terres, ont pu contester l'utilité !

Mais le pouvoir absorbant ne peut être exercé dans toute son étendue par l'argile et l'humus *que si le sol contient aussi du calcaire* (carbonate de chaux), ou, à son défaut, du carbonate de magnésie.

Quand on ajoute à la terre un sel de potasse ou d'ammoniaque, ce sel est le plus souvent un chlorure, un nitrate ou un sulfate, par exemple du chlorure. S'il y a du calcaire, il se produit entre le chlorure alcalin et le carbonate de chaux une réaction chimique qui forme du chlorure de calcium que l'eau entraînera, et du carbonate alcalin (de potasse ou d'ammoniaque) qui demeure retenu fortement par l'argile ou par la matière humique.

S'il n'y a pas de calcaire, le chlorure ne se fixera pas et les eaux pluviales l'emporteront tout entier. Dans un sol dépourvu de calcaire il faudrait, pour assurer la fixation, donner la potasse ou l'ammoniaque sous forme de carbonates.

Limites du pouvoir absorbant. — Le pouvoir absorbant de la terre est très énergique, mais il ne tarde pas à s'épuiser quand les particules terreuses ont absorbé une certaine dose de matières fertilisantes. A ce moment, l'addition d'une quantité nouvelle de ces principes est inutile, puisqu'ils ne pourraient plus être fixés.

La proportion des principes absorbés ne dépasse pas 2 à 3 millièmes du poids de la terre; mais cette dose, en apparence minime, est fort grande si on la compare aux exigences des récoltes. La couche de sol actif d'un hectare pèse de 3 à 5 millions de kilogrammes. Le poids de potasse qui peut être fixé par la terre ne serait-il que le millième du poids total, nous pourrions emmagasiner 3 à 5,000 kilogrammes; or, les plantes les plus exigeantes ne consomment guère plus de 100 kilogrammes de potasse par hectare. La réserve suffirait donc largement pour les cultures pendant plus de trente années.

Conséquences pratiques. — Nous pouvons déduire

de ce qui précède quelques conséquences pratiques très importantes :

1° On peut sans crainte ajouter au sol de fortes fumures d'acide phosphorique, de sels de potasse et d'ammoniaque, pourvu que le sol contienne de l'argile ou de l'humus. Ces matières seront fixées et emmagasinées ; l'eau de pluie ne les enlèvera pas.

La nature des sels de potasse ou d'ammoniaque est tout à fait indifférente si le sol contient du carbonate de chaux ; *on choisira le sel qui fournit au plus bas prix la potasse ou l'ammoniaque.*

En l'absence de carbonate de chaux, il faut donner du carbonate de potasse ou d'ammoniaque.

2° La distribution de ces engrais doit se faire aussi régulièrement que possible sur la surface des champs, puisque la terre les retient là où ils ont été fournis.

3° Il ne faudrait pas ajouter à la terre plus de matière fertilisante minérale qu'elle n'en peut fixer : le surplus serait mal utilisé ou entraîné par les eaux de drainage en pure perte.

4° Bien que l'ammoniaque se fixe sur le sol à l'égal de la potasse, sa conservation ne saurait être d'une longue durée, parce que souvent les sels ammoniacaux sont assez promptement transformés en nitrates, et que les nitrates ne peuvent être retenus. Il convient donc de ne répandre les sels ammoniacaux que lorsque la végétation peut les utiliser rapidement. Cette restriction n'existe pas pour la potasse et pour l'acide phosphorique.

Principes qui ne sont pas fixés par le sol. — Certains principes fertilisants ne sont pas retenus par la terre et peuvent être complètement emportés par l'eau, ce sont : la *soude,* la *chaux* et surtout les *nitrates.*

Dans un sol pauvre en calcaire, la diminution de la

chaux, due non seulement aux besoins nutritifs des récoltes, mais surtout à l'entraînement par les eaux pluviales, devient assez fréquemment telle qu'il est nécessaire de la combattre par des amendements spéciaux.

Mais l'enlèvement des nitrates est encore plus important : les nitrates constituent, en effet, une des sources principales de l'azote des végétaux. Comme on le verra plus loin, la matière organique de l'humus se transforme incessamment dans le sol avec production de nitrates qui servent à la nutrition des plantes. Les sels ammoniacaux fixés sur la terre subissent assez vite un changement analogue. Il faut que les racines utilisent aussitôt en les absorbant, les nitrates ainsi formés, sinon les pluies les emporteront dans les régions souterraines. Ce départ est d'autant plus facile que le sol est plus sablonneux et plus perméable; il est moins à craindre pour les cultures à racines profondes qui peuvent fixer plus complètement sur leur trajet les nitrates ainsi emportés. S'il en est ainsi, ces nitrates doivent se retrouver dans les eaux de drainage avec toutes les matières solubles que la terre est incapable de retenir.

Composition des eaux de drainage. — Les analyses d'un grand nombre d'eaux de drainage ont pleinement confirmé ces prévisions : elles ne renferment qu'à doses minimes les principes que le sol a la propriété d'absorber, potasse, ammoniaque, acide phosphorique, tandis qu'on y rencontre en proportions notables la soude, la chaux, les nitrates et aussi des sulfates et des chlorures.

Dans les recherches de Way, 1 litre d'eau de drainage renfermait :

Potasse............	de	0	à	3	milligr.
Ammoniaque.......	de	0,1	à	0,3	—
Acide phosphorique.	de	0	à	1,7	—
Silice..............	de	6	à	25	—
Acide nitrique......	de	27	à	165	—
Chaux.............	de	33	à	185	—
Magnésie...........	de	3	à	35	—
Soude..............	de	12	à	45	—
Acide sulfurique....	très variable.				
Chlore............	Id.				

M. Berthelot a publié récemment quelques déterminations précises sur l'enlèvement des nitrates par la pluie dans un sol maintenu sans végétation pendant quatre mois d'été. Une surface déterminée de cette terre a reçu 232 litres d'eau de pluie qui lui ont apporté 14 centigrammes d'azote ammoniacal et 6 centigrammes d'azote nitrique, soit en tout 20 centigrammes d'azcte. Le drainage a donné 83 litres d'eau contenant 524 centigrammes d'azote nitrique, c'est-à-dire beaucoup plus que la pluie n'en avait fourni ; les nitrates correspondants provenaient de la transformation de la matière humique du sol.

M. Warington, à Rothamsted, a poursuivi pendant neuf années consécutives des recherches sur ce sujet. Un hectare de terre maintenu sans culture a reçu annuellement une moyenne de 8,500 mètres cubes d'eau de pluie; la quantité d'eau de drainage recueillie à la profondeur de $1^{m}50$ a été en moyenne de 4,300 mètres cubes, soit seulement la moitié, le reste ayant été restitué à l'atmosphère par l'évaporation de la surface. L'eau drainée contenait en moyenne par litre $10^{mmg}7$ d'azote nitrique, soit $41^{mmg}2$ d'acide nitrique. La dose totale d'acide nitrique emportée par le drainage se trouvait donc égale à 177 kilogrammes, quantité bien supérieure aux apports azotés de la pluie. C'est d'octobre en février, saison où les pluies sont fréquentes, que la perte de nitrates est la plus importante.

Des observations semblables ont été faites simultanément sur des sols cultivés ayant porté annuellement pendant plus de quarante ans des récoltes de blé.

L'un de ces champs n'a jamais reçu d'engrais pendant cette longue période ; l'autre a reçu chaque année par hectare 14.000 kilogrammes de fumier. La quantité d'eau drainée a été toujours plus faible que dans les champs laissés sans culture : cela tient surtout à la transpiration considérable des récoltes pendant l'été.

Un litre d'eau de drainage renfermait par litre les poids suivants d'azote nitrique :

	Terre sans engrais.	Terre fumée.
	milligr.	milligr.
Mars à mai..................	1,6	2,9
Juin à août..................	0,1	1,2
Septembre à novembre........	4,0	8,2
Décembre à février...........	4,3	5,8
Moyenne générale.......	3,4	5,8

Ces doses sont beaucoup moindres que dans les champs laissés en jachère, ce qui montre l'importance de l'assimilation par les plantes. Au printemps, cette absorption a lieu avec beaucoup d'énergie, et dans un sol sans engrais, tous les nitrates disponibles sont alors utilisés pour la végétation : les eaux de drainage n'en emportent que des traces.

A partir de septembre, quand les récoltes ont été enlevées du sol. la proportion des nitrates emportés croît beaucoup, atteint son maximum vers le mois d'octobre, puis diminue régulièrement jusqu'au mois de mars où elle redevient assez petite.

Pour les sols fumés chaque année, les pertes de nitrates sont plus fortes, mais ont lieu de la même manière. C'est toujours pendant la jachère que ces pertes sont les plus importantes.

On n'a guère de renseignements sur la composition des eaux de drainage d'un sol qui porte des récoltes fourragères, ou d'une terre maintenue en prairie naturelle ou couverte de bois. Il est probable toutefois que la perte des nitrates doit être beaucoup moindre, parce que les racines occupent plus profondément le sol et que la végétation n'y est pas interrompue pendant les mois d'automne. Dans les forêts, cette perte doit être tout à fait nulle.

Conséquences pratiques. — 1° L'emploi des nitrates comme engrais exige quelques précautions. On ne doit les fournir au sol que lorsque la végétation est très active et capable de les consommer rapidement. Il ne faut donc pas les répandre avant l'hiver, mais seulement au printemps, en couverture ; il vaudrait encore mieux, si c'était possible, en échelonner la distribution et les répandre à petites doses au fur et à mesure des besoins de la végétation. D'après les recherches de M. Berthelot, c'est avant la floraison que l'utilisation est habituellement le plus énergique.

2° Les eaux de drainage sont généralement riches en nitrates ; on devra donc chercher à les utiliser pour l'irrigation de terres placées plus bas.

Les ruisseaux, qui reçoivent beaucoup de ces eaux souterraines, contiennent assez souvent une quantité notable d'azote nitrique, et leur valeur pour les arrosages de prairies est ainsi beaucoup accrue. Mais peu à peu les végétaux qui se développent dans leurs eaux, et aussi les algues microscopiques qui les remplissent, consomment les nitrates, dont il ne reste plus quelquefois que des doses très faibles. On a un grand intérêt à être fixé sur ce point. M. Bréal a indiqué récemment une méthode très simple, qui permet aux agriculteurs de reconnaître si une eau contient des nitrates. Nous en donnons la description dans une note placée à la fin de cet ouvrage. (Voir note 3.)

CHAPITRE V

NUTRITION AZOTÉE DES PLANTES.

Les plantes, comme tous les êtres vivants, contiennent nécessairement des matières organiques azotées, constituées à la fois par du carbone, de l'hydrogène, de l'oxygène et de l'azote. La substance vivante des cellules végétales ou animales, le *protoplasma*, renferme toujours de l'azote. Il est donc impossible qu'un végétal vive et se développe sans en recevoir. Les matières azotées végétales, gluten, légumine, albumine végétale, sont l'unique source d'azote pour les tissus de l'homme et des animaux, qui, à ce titre, dépendent absolument des plantes. Le végétal est, en réalité, l'intermédiaire entre l'animal et le règne minéral ; en même temps que des substances minérales contenant de l'azote, il élabore ces produits complexes, que nous appelons des *matières albuminoïdes*, qui plus tard nourriront l'animal. Où doit-il prendre cet azote ?

La première idée qui vient à l'esprit, c'est que la plante, vivant dans l'air, c'est-à-dire dans un mélange d'oxygène et d'azote, va lui demander l'azote dont elle a besoin. La quantité de cet élément disponible dans l'atmosphère est énorme puisqu'elle constitue les $\frac{4}{5}$ de la masse totale de l'air. Les faibles doses d'acide carbonique qui se trouvent disséminées dans l'atmosphère suffisent, nous l'avons vu, à l'alimentation carbonée des végétaux ; la nutrition azotée paraît devoir être encore mieux assurée. Malheureusement pour ces prévisions bien naturelles, *cette alimentation directe par l'azote de l'air n'a pas lieu*, ou si elle a lieu, elle est si faible, si exceptionnelle qu'elle ne peut être regardée comme un mode normal de la nutrition végétale.

C'est là une question capitale qui a provoqué de nombreuses recherches. M. Georges Ville avait conclu d'expériences personnelles, que les plantes peuvent assimiler *directement* une certaine quantité d'azote atmosphérique, et les doses ainsi fixées seraient même assez grandes, surtout pour certains végétaux privilégiés.

Mais les assertions de M. Ville soulevèrent les plus vives contradictions, et M. Cloëz qui avait assisté personnellement aux expériences de M. Ville, en repoussait les conclusions et attribuait à la présence négligée des nitrates la plupart des effets qui avaient été rapportés à l'azote atmosphérique.

Les observations rigoureuses de Boussingault en France, de Lawes, Gilbert et Pugh en Angleterre, conduisent à une conclusion absolument opposée à celle de M. Ville, c'est-à-dire à l'absence de toute assimilation directe. Cette opinion s'impose, et nous devons dire : *l'azote de l'air n'est pas fixé directement par les plantes*. Nous verrons qu'il peut l'être par l'intermédiaire du sol.

Ammoniaque de l'air. — Mais il y a dans l'air de petites quantités d'azote combiné, ammoniaque et acide nitrique. Ces petites quantités d'ammoniaque (1 à 2 milligrammes par 100 mètres cubes d'air) peuvent sans doute, dans une certaine mesure, collaborer à la nutrition azotée des végétaux. Les travaux de MM. Ville, Sachs, Schlœsing ont établi que la végétation est plus prospère dans une atmosphère riche en ammoniaque. M. Schlœsing a pu élever un plant de tabac en ne lui fournissant d'autre élément azoté que du carbonate d'ammoniaque diffusé dans l'air environnant.

La surface absorbante des plantes est très grande, et

l'air se renouvelle fréquemment sur cette surface, apportant toujours des doses minimes, il est vrai, mais constamment renouvelées, d'ammoniaque.

M. Boussingault a calculé la surface utile d'absorption offerte par les feuilles dans diverses cultures. Pour la *pomme de terre*, il a trouvé, par hectare, environ 40,000 mètres carrés, c'est-à-dire quatre fois la surface du sol; pour le *froment*, au moment de la floraison, 35,000 mètres carrés; pour le *topinambour* (en septembre), environ 140,000 mètres carrés, soit quatorze fois l'étendue du champ.

M. Müntz a essayé d'évaluer directement le poids d'ammoniaque qui peut être arraché à l'air par un hectare de topinambours dont la surface ne cesserait d'exercer son pouvoir absorbant[1]. En six mois de végétation, cette quantité atteindrait 97 kilogrammes, contenant 80 kilogrammes d'azote, alors que la récolte totale n'en fixe guère que 180 kilogrammes.

Mais ce nombre, 80 kilogrammes, est certainement beaucoup trop fort, puisqu'il suppose les feuilles douées d'un pouvoir absorbant *parfait* exercé sans relâche. Pratiquement, la fixation d'ammoniaque serait lente, et sa valeur atteindrait tout au plus quelques kilogrammes.

Néanmoins, ces expériences nous apprennent que l'ammoniaque de l'air concourt pour une certaine part à l'alimentation azotée des plantes, *cette part étant d'ailleurs fort petite*. La majeure partie des produits azotés de l'air est recueillie par l'eau des pluies, qui apporte directement à la terre de l'ammoniaque et de l'acide nitrique et peut contribuer ainsi à l'enrichir en matière azotée.

Azote du sol. — Puisque l'azote des plantes ne leur

1. Il se servait de plantes artificielles ayant des feuilles en papier d'amiante imprégné d'une solution étendue d'acides végétaux.

vient pas de l'air, puisque celles-ci n'en reçoivent que fort peu de l'ammoniaque atmosphérique, c'est du sol que provient à peu près totalement cet azote. Il faut donc que la terre végétale contienne, non pas de l'azote libre, dont les racines ne tireraient pas meilleur parti que les feuilles, mais des substances azotées.

Dans un sol privé d'azote et qui n'en recevrait jamais, toute végétation serait sinon impossible, du moins fort précaire, puisque la nutrition azotée devrait se faire exclusivement par l'ammoniaque de l'air. Mais, en réalité, tous les sols renferment de l'azote combiné à dose d'ailleurs assez variable : *il y a moyennement 1 gramme d'azote par kilogramme de terre fine,* mais la proportion s'abaisse quelquefois jusqu'à 1 décigramme ; parfois, au contraire, elle s'élève à 2 ou 3 grammes, et dans les terreaux de jardinier atteint jusqu'à 10 grammes par kilogramme.

D'ordinaire, les sols les plus fertiles sont les plus riches en azote, et on a pu dire, avec quelque raison, que *la fertilité d'une terre est à peu près mesurée par la quantité d'azote qu'elle renferme.*

Pourtant, il ne faudrait pas adopter cette règle en toute confiance. En Bretagne, on trouve de vastes étendues de terrains très riches en azote, et malgré cela fort peu fertiles. Il peut donc arriver qu'une terre très azotée soit fort mauvaise, alors qu'un sol peu azoté sera productif. C'est que l'azote se trouve dans la terre sous diverses formes dont les unes conviennent immédiatement à la nutrition végétale, tandis que les autres ne peuvent y concourir qu'après avoir subi certaines transformations. Ces formes se ramènent à trois : azote nitrique, azote ammoniacal, azote organique.

L'azote nitrique, qui existe à l'état de nitrates, peut directement être utilisé par les racines.

L'azote ammoniacal, que contiennent l'ammoniaque

et les sels ammoniacaux, paraît également susceptible d'être consommé par la végétation.

L'azote organique, qui entre dans la constitution des matières organiques azotées, n'est pas immédiatement assimilable; il peut le devenir en se transformant plus ou moins vite en azote ammoniacal ou en azote nitrique.

Examinons l'une après l'autre ces trois manières d'être de l'azote.

Azote organique. — *La majeure partie de l'azote combiné du sol* (environ les $\frac{98}{100}$) *se trouve à l'état de combinaison organique*, contenant, avec l'azote, du carbone, de l'hydrogène et de l'oxygène. Cette matière, analogue aux substances albuminoïdes des êtres vivants et à peu près insoluble dans l'eau, forme la plus grande portion de cet élément brun qui existe toujours dans les sols arables, l'*humus*,

Formation de l'humus. — L'humus est le résultat de la tranformation lente des résidus de végétaux morts, racines de plantes détruites, débris de feuilles et de tiges. Il peut également être produit par la modification analogue des matières végétales ou animales ajoutées à la terre par les soins des agriculteurs, telles que, par exemple, le fumier de ferme.

Les détritus organiques disséminés dans le sol ne tardent pas à subir une sorte de putréfaction due à la présence d'agents microscopiques vivants. Aucune matière enfouie n'échappe à l'action destructive de ces microbes : ils attaquent de la même manière les substances azotées et celles qui sont principalement formées par des hydrates de carbone, comme la paille ou le bois. Ces microbes ne font jamais défaut dans la terre végétale, quelle que soit sa nature, et habituellement ils s'y trouvent en nombre immense. D'après Adametz, 1 gramme de terre n'en renferme pas moins de 400,000 à 500,000!

Le plus souvent, l'air pénétrant assez bien à travers le sol, l'œuvre destructive peut être accomplie par des êtres *aérobies*, par des mucédinées, qui provoquent activement la combustion de la matière : le carbone passe à l'état d'acide carbonique, l'hydrogène donne de l'eau, l'azote fournit une certaine dose d'ammoniaque qui demeure fixée sur la portion de matière non transformée. Le produit de ce travail est l'humus, mélange complexe de substances plus ou moins azotées, fréquemment acides et à ce titre solubles dans les alcalis comme la potasse ou l'ammoniaque, quelquefois alcalines et capables d'être dissoutes par les acides.

Ces matières brunes ont été quelquefois nommées *les peptones du sol*, et, en effet, comme les peptones, elles résultent de la digestion partielle des matières organiques et peuvent être utilisées en quelque manière pour nourrir les plantes. Comme les peptones aussi, elles sont de nature fort complexe et difficiles à définir au point de vue chimique.

Quand le sol est très compacte et n'est pas rendu perméable par les labours, l'air n'y pénètre pas et les micro-organismes ne peuvent accomplir leur fonction comburante. C'est ce qui arrive aussi assez souvent sur la terre des bois, recouverte d'une couche épaisse de mousse : les débris végétaux s'accumulent à sa surface, formant une sorte de tapis imperméable à l'air. Dans ce cas, des putréfactions s'établissent encore, mais elles sont l'œuvre d'autres êtres vivants infiniment petits, capables de subsister sans oxygène aérien aux dépens de l'oxygène des matières organiques. Sous l'action de ces microbes *anaérobies*, il se dégage encore un peu d'acide carbonique, mais celui-ci est accompagné d'un gaz inflammable, formé de carbone et d'hydrogène; c'est l'hydrogène protocarboné ou formène. On l'appelle souvent gaz des marais, parce que dans la vase des étangs les fermentations anaérobies en dégagent fréquemment; c'est le même gaz que dans les houillères on nomme le *grisou*, et dont les mélanges avec l'air possèdent des propriétés explosives si funestes.

Par suite de cette élimination d'hydrogène, la matière organique acquiert une teneur croissante en carbone, et c'est de cette manière que se forme la *tourbe*, très riche aussi en matières azotées.

Constitution de l'humus. — Chimiquement, nous savons assez peu de chose sur la vraie nature des produits azotés de l'humus; pourtant, les travaux de M. Berthelot nous ont renseignés dans une certaine mesure sur la fonction chimique de ces corps. Comme la plupart des matières albuminoïdes, ce sont des *principes amidés*. Sous l'influence des divers agents, acides, alcalis, et même sous l'action de l'eau, les principes amidés, d'abord insolubles, se dédoublent lentement en donnant de l'ammoniaque et d'autres principes amidés solubles qui paraissent alors susceptibles de concourir directement à l'alimentation végétale.

Nous voyons donc qu'au contact de l'eau plus ou moins chargée d'acide carbonique et de matières salines, les substances humiques, incapables de servir immédiatement à nourrir les plantes, subissent incessamment des transformations lentes qui les changent en principes analogues solubles et principalement en ammoniaque. Ces *matières albuminoïdes solubles* peuvent, sans doute, contribuer pour une certaine part à l'alimentation des végétaux; c'est par elles probablement que les champignons vivent et se développent. Les champignons dénués de chlorophylle sont incapables de prendre le carbone à l'atmosphère, et ils le demandent en même temps que l'azote à ces principes d'origine humique. Les microbes, ces êtres vivants infiniment petits, qui jouent un rôle si important dans les modifications de la terre arable, utilisent aussi cette nourriture mixte, qui fournit à la fois l'azote et le carbone nécessaires à leur développement et à leur multiplication.

Quant à l'*ammoniaque*, qui se trouve ainsi dégagée dans le sol d'une façon continue, elle se fixe sur les particules terreuses, où une portion sera utilisée directement par la nutrition végétale. Une certaine dose pourra aussi s'échapper dans l'atmosphère, compensant en quelque manière l'apport ammoniacal dû aux pluies. Mais si les circonstances sont favorables, la majeure partie se changera en nitrates, forme la plus parfaite pour l'alimentation azotée des plantes.

L'azote organique de la terre arable est, comme on vient de le voir, une source lente d'azote nutritif. *C'est un capital dont la végétation ne peut utiliser que le revenu.*

On peut prévoir déjà, étant donnée la variété des sols, que ce capital sera plus ou moins productif. Certains capitaux très considérables pourront ne donner qu'un revenu médiocre, si la transformation de la matière azotée est très lente : l'azote fourni aux cultures sera insuffisant, la terre sera peu fertile.

Si la transformation est prompte, les aliments azotés seront abondants ; mais on pourra craindre un épuisement rapide de la richesse azotée du sol.

Azote ammoniacal. — L'ammoniaque du sol provient de trois sources distinctes : l'atmosphère, l'humus, les engrais.

On a parlé plus haut de l'ammoniaque atmosphérique, dont une fraction importante recueillie par les pluies vient à la terre. Nous avons vu dans le paragraphe précédent que l'ammoniaque est un des produits des transformations subies par la matière humique. L'ammoniaque issue de ces deux origines s'unit à l'acide carbonique pour former du carbonate d'ammoniaque, qui demeure fixé sur les particules terreuses grâce au pouvoir absorbant que possèdent l'humus et l'argile.

On admet généralement que les sels ammoniacaux sont directement absorbables par les racines et peuvent ainsi concourir à la nutrition azotée des récoltes. Quelques agronomes pensent au contraire que cette utilisation ne peut d'ordinaire avoir lieu qu'après la transformation des sels ammoniacaux en nitrates[1]. Quoi qu'il en soit, cette dernière ayant lieu promptement, la question n'a, la plupart du temps, qu'un faible intérêt pratique.

Azote nitrique. — On sait depuis longtemps que le sol contient fréquemment des nitrates. Dans certaines contrées, la terre est imbibée de solutions assez concentrées de nitrate de potasse, et quand la sécheresse survient, déterminant une évaporation active, le nitre, appelé par capillarité, apparaît sur la surface des champs en efflorescences blanches cristallines. Dans l'Inde, on recueille ainsi des masses énormes de salpêtre, et, pendant plusieurs siècles, le salpêtre employé pour la fabrication de la poudre, vint surtout de la vallée du Gange, où on se bornait à le ramasser sur le sol. En Espagne, en Amérique, il existe des nitrières assez nombreuses où le nitre se forme en abondance. Dans les caves, dans les grottes, sur les parois des murailles que pénètre l'humidité, nous voyons grimper des efflorescences nitreuses. L'eau des puits contient souvent des nitrates, et Boussingault en a signalé jusqu'à 2 grammes par litre dans certains puits de Paris.

1. M. Müntz a publié l'année dernière des expériences directes qui semblent établir avec certitude l'aptitude de l'ammoniaque à la nutrition directe des végétaux. Les essais, tous concordants, ont porté sur des plantes très diverses, orge, maïs, fèves, chanvre

Cette production de nitrates est un phénomène tout à fait général. Elle est plus facile à constater quand il y a dans le sol beaucoup de potasse, car il se forme alors du nitrate de potasse, qui donne lieu aux efflorescences qu'on aperçoit. La nitrification s'accomplit d'une façon à peu près permanente dans toutes les terres végétales, sauf les terres acides. On peut comparer la surface tout entière des continents à une nitrière immense, où prennent naissance des nitrates, principalement de soude et de chaux. Ces derniers sont déliquescents, et par suite incapables de donner des efflorescences visibles; mais l'eau les dissout fort bien, et, comme on l'a vu antérieurement, les eaux de drainage contiennent toujours des proportions notables d'acide nitrique combiné.

Il y a peu de temps encore, on n'attachait aucune importance aux nitrates du sol. Au commencement du siècle, on croyait, et Liebig professa longtemps cette doctrine, que l'ammoniaque seule est capable de fournir l'azote aux plantes. Mais les expériences de MM. Ville, Cloëz, surtout celles de Boussingault, établirent de la manière la plus péremptoire qu'on peut assurer la nutrition azotée des végétaux par l'emploi exclusif des nitrates (sans intervention de matière organique ou d'ammoniaque). Bien plus, c'est le nitrate qui est la forme la plus parfaite pour l'assimilation de l'azote, et même, nous l'avons dit plus haut, ce serait la seule pour certains expérimentateurs.

Mode de production des nitrates. — Les nitrates se produisent dans le sol à l'aide de l'ammoniaque ou des sels ammoniacaux, par une oxydation spéciale de ces matières, effectuée dans un milieu convenable.

L'oxydation de l'ammoniaque, donnant de l'acide nitrique et de l'eau, peut être réalisée dans les laboratoires de chimie : elle a lieu quand le mélange d'ammoniaque et d'oxygène est maintenu à une température élevée en présence d'un corps poreux spécial qu'on nomme la mousse de platine. Il se produit alors de l'acide nitrique facile à reconnaître par sa réaction acide très intense, ou par les fumées qu'il dégage avec un excès d'ammoniaque[1].

Il semble au premier abord que la nitrification naturelle est assez comparable à l'expérience que nous venons de décrire. L'ammoniaque qui se trouve dans le sol, perméable à l'air atmosphérique, peut subir sans doute son action oxydante, grâce à la porosité de la terre elle-même, qui jouerait ici le même rôle que la mousse de platine.

Cette manière de voir fut adoptée, et on s'appliqua à créer des nitrières artificielles réalisant les conditions les plus favorables au phénomène. On mélangeait des matières organiques dégageant de l'ammoniaque avec des débris poreux permettant la libre circulation de l'air au sein de la masse, en ayant soin d'ajouter une certaine dose d'alcalis, potasse ou soude, destinés à fixer l'acide nitrique produit. Or, les résultats de ces tentatives furent extrêmement variables : de deux nitrières installées de la même manière, l'une était productive, l'autre refusait de fournir la plus petite dose de nitrates.

C'est qu'en réalité le phénomène exige la présence d'un microbe spécial qu'on nomme le *ferment nitrique*. Ce ferment n'existe pas dans l'air, ou du moins s'y trouve très affaibli; mais on le trouve toujours dans la terre arable. Il est extrêmement petit : il se présente en corpuscules arrondis ou légèrement allongés, isolés ou réunis deux par deux, assez semblables au ferment qui produit le vinaigre (le *mycoderma aceti*), et selon les observations de M. Duclaux, rappelant

1. L'ozone produit immédiatement à froid la même oxydation, sans le secours de la mousse de platine.

l'idée de bâtonnets grêles, tronçonnés en fragments plus ou moins courts dont on aurait abattu les angles.

Ce ferment, placé dans un milieu nutritif, c'est-à-dire pourvu de matières hydrocarbonées et minérales convenables, fixe l'oxygène de l'air sur l'ammoniaque pour donner de l'acide nitrique, qui forme des nitrates avec les alcalis présents dans le système. C'est par un mécanisme analogue que le ferment acétique fixe l'oxygène sur l'alcool en produisant l'acide acétique.

Pour que la nitrification puisse avoir lieu, c'est-à-dire pour que les nitrates se forment aux dépens des sels ammoniacaux du sol, il faut que le ferment se trouve dans ce sol ; il faut, en outre, que le milieu soit favorable à son développement ; enfin, il est nécessaire que l'air lui arrive en quantité suffisante. Ce sont là des conditions nécessaires, sur lesquelles il convient d'insister.

Présence du ferment nitrique. — Il faut avant tout *que la terre contienne le ferment,* car il ne peut en aucun cas s'y développer spontanément.

MM. Schlœsing et Müntz ont fait à ce sujet des expériences péremptoires : la terre stérilisée par la calcination qui tue tous les germes vivants, devient inapte à toute nitrification. Mais pour rétablir le phénomène, il suffit d'introduire une petite quantité de terre fraîche qui apporte le ferment.

Les anesthésiques, tels que le chloroforme, suspendent le phénomène et même le suppriment tout à fait, si leur action se prolonge trop. Le sulfure de carbone produit des effets semblables : dans l'air chargé de vapeurs sulfocarbonées, la nitrification est à peu près nulle. On peut se demander à ce sujet si une partie des souffrances des vignes traitées par le sulfure de carbone ne provient pas de cette cause. Le ferment nitrique ayant été tué ou au moins engourdi, la nutrition azotée y serait pénible ou même complètement nulle.

Conditions de la nitrification. — Les conditions de milieu ont une importance fort grande. La nitrification ne pourra évidemment être active *que si la terre arable est riche en substances nitrifiables,* c'est-à-dire en sels ammoniacaux, ou du moins en matières organiques azotées capables d'en fournir par leur transformation.

Le ferment nitrique doit trouver un milieu favorable à son développement, et pour cela il faut une *dose convenable d'humidité;* il faut, en outre, que *le sol contienne une certaine quantité de calcaire.* La présence du calcaire est indispensable à la vie du microbe nitrificateur. Les terres exemptes de calcaire (carbonate de chaux), même très riches en matières organiques, nitrifient mal, et les débris de la végétation s'y accumulent sans profit pour la culture ; c'est ce qui arrive assez souvent pour les sols granitiques de la Bretagne. C'est aussi ce qui a lieu dans les terres de landes, les terres de bruyère, les sols tourbeux, qui peuvent contenir parfois jusqu'à 10 °/₀ d'azote organique, riche capital qui demeure à peu près improductif. Pour remédier à ce défaut grave, il suffit d'amendements calcaires convenablement distribués.

Il faut aussi que *l'air pénètre bien au travers du sol,* ce qui exige que celui-ci soit bien perméable et ameubli. Dans les terres légères, où l'air circule facilement, la nitrification est rapide, les fumiers se consomment promptement. Dans les sols argileux, beaucoup plus imperméables, le phénomène ne se produit qu'avec lenteur.

L'activité du ferment nitrique ne s'exerce qu'entre certaines limites de température. Au-dessous de 5°, l'action est minime, sinon tout à fait nulle : *elle ne devient appréciable que vers 12°.* Pour des températures croissantes, la nitrification devient plus rapide; elle atteint son maximum vers 37°, puis elle diminue très vite et cesse complètement à 55°. Vers 100°, le ferment nitrique est tué.

On voit que pendant l'hiver le sol nitrifie fort peu ; on peut donc sans inconvénient notable fournir à la terre avant l'hiver des engrais organiques ou même ammoniacaux. Ce n'est qu'au printemps, c'est-à-dire au moment de l'activité végétative, que la nitrification se produira ; les pluies hivernales ne donneront lieu qu'à des pertes assez faibles.

Dosage de l'azote des terres. — Il est fort important de connaître avec quelque précision la richesse azotée d'une terre arable ; mais cette détermination ne peut être réalisée que par une série d'opérations rigoureuses, qui exigent l'outillage d'un laboratoire de chimie. L'analyse sait fort bien évaluer à part les doses d'azote contenu dans le sol sous les trois formes : ammoniacale, nitrique et organique.

On mesure par des opérations spéciales et indépendantes les poids d'*ammoniaque* et d'*acide nitrique* renfermés dans un poids connu de terre fine. On en déduit les quantités correspondantes d'azote[1].

D'ailleurs, certaines méthodes (méthode de Dumas) fournissent la quantité totale d'azote contenu sous les trois formes. En retranchant de ce total la somme des poids d'azote ammoniacal et nitrique on obtient l'*azote organique,* qui comprend habituellement les 97 ou 98 centièmes de l'azote total.

Dans les laboratoires agricoles, on emploie le plus souvent pour doser l'azote total le procédé dit *par la chaux sodée ;* ce procédé, qui suffit d'ordinaire pour la pratique, n'est pourtant pas tout à fait exact et donne des nombres un peu trop faibles, parce qu'une certaine quantité d'azote nitrique y échappe à l'évaluation.

1. 1 gramme d'ammoniaque contient 0gr823 d'azote ; 1 gramme d'acide nitrique (anhydre) contient 0gr259 d'azote.

M. Berthelot a montré qu'on peut appliquer cette méthode même à des recherches précises, à condition d'opérer sur la terre préalablement lessivée avec quatre fois son poids d'eau pure et froide, puis séchée à l'air. Le dosage fournit alors l'azote organique insoluble, c'est-à-dire celui dont la connaissance importe le plus.

Les nombres obtenus pour l'azote nitrique et ammoniacal dans une terre arable sont assez variables selon les circonstances où l'échantillon a été prélevé. Si peu de temps auparavant, le sol avait subi d'abord une période chaude et moyennement sèche, très favorable à la nitrification, puis une période pluvieuse où la pluie a lavé la terre en emportant les nitrates, on ne trouve plus dans le sol que fort peu d'azote nitrique et aussi d'azote ammoniacal. Au contraire, l'analyse faite avant les jours de pluie aurait accusé beaucoup d'azote nitrique.

La teneur absolue d'une terre en azote ammoniacal et nitrique, c'est-à-dire en azote assimilable, ne peut en réalité nous renseigner exactement sur les aptitudes nutritives de cette terre, puisque l'analyse recommencée à huit jours d'intervalle donnera peut-être des résultats bien différents.

Toutefois, si la proportion d'azote nutritif est grande dans un sol, il y a tout lieu de penser que la transformation de l'azote organique s'y produit vite; mais on ne peut immédiatement affirmer qu'elle a lieu lentement, si dans une analyse on trouve très peu d'azote assimilable. Dans ce cas, il faudrait recommencer l'analyse après une période sèche de jachère estivale.

Il y aurait peut-être un assez grand intérêt à instituer dans les laboratoires, à côté du dosage de l'azote organique, une mesure directe de l'aptitude des terres à transformer cet azote en azote nutritif. Il est vrai que, le plus souvent, les expériences culturales fournissent une solution pratique de ce problème.

Richesse azotée de la terre. — Nous avons vu dans ce qui précède que la nutrition azotée des plantes est assurée principalement par l'azote nitrique, celui-ci provenant de la matière organique du sol, soit directement par nitrification immédiate, soit indirectement avec formation temporaire d'ammoniaque. C'est donc en définitive la terre arable qui est chargée de fournir l'azote comme l'atmosphère fournit le carbone. La ressemblance entre ces deux réservoirs nutritifs est-elle parfaite? L'air est pour les végétaux un magasin inépuisable de carbone : la terre est-elle aussi une source intarissable d'azote?

Cherchons à évaluer d'une manière approchée la quantité totale d'azote que le sol met à la disposition des récoltes. En moyenne, 1 kilogramme de terre fine contient 1 gramme d'azote.

Considérons tout d'abord seulement la couche de *sol actif* remué par les labours, d'une épaisseur voisine de 20 centimètres : on voit que cette couche sur l'étendue totale d'un hectare, soit 10.000 mètres carrés, occupe un volume de 2,000 mètres cubes. Le poids d'un mètre cube de terre est, en moyenne, de 2,000 kilogrammes. La couche active d'un hectare pèse donc 4,000,000 de kilogrammes et renferme par conséquent 4,000 kilogrammes d'azote. C'est là une valeur moyenne, mais on peut trouver des écarts énormes. Dans certains sols sablonneux, cette première couche ne contient que 400 kilogrammes d'azote; dans quelques terres de marais, on atteint, au contraire, la masse énorme de 72,000 kilogrammes.

C'est de cette manière que beaucoup d'agronomes calculent les doses d'azote qui se trouvent contenues dans un hectare. Mais c'est une méthode assez mauvaise qui peut conduire à des résultats trompeurs : elle suppose, en effet, que la végétation n'utilise que le sol actif, c'est-à-dire environ 20 centimètres d'épaisseur de terre, tandis, qu'en réalité, les racines s'enfoncent à des profondeurs beaucoup plus grandes et vont demander leur nourriture au sol vierge et au sous-sol, dont la richesse azotée est loin d'être négligeable?

Ainsi, dans certaines prairies de Rothamsted, la couche supérieure de terre, épaisse de 23 centimètres, celle correspondant au sol actif dont nous parlions, contenait à l'hectare 6,400 kilogrammes d'azote.

Une couche égale placée au-dessous en renfermait 2,800 kilogrammes.

Enfin dans une épaisseur de 1 mètre, située sous ces deux premières couches, on trouvait 6,500 kilogrammes d'azote. Au total, la quantité d'azote contenu dans le champ sur une hauteur de 1m46, atteignait 14,600 kilogrammes, au lieu de 6.000 qu'indiquerait le calcul borné au sol actif tout seul.

Les terres noires de Russie, qui conservent une composition semblable sur une profondeur moyenne de 90 centimètres, contiennent ainsi par hectare de 40 à 50,000 kilogrammes d'azote qui, en réalité, peuvent tous concourir à l'alimentation végétale.

Causes de déperdition d'azote. — Supposons la terre livrée à une culture normale : la végétation s'y développe prenant son azote à la terre, puis on enlève la récolte pour la consommer ailleurs. On prend ainsi au sol des quantités d'azote qui varient beaucoup avec la nature des récoltes et avec leur poids absolu. Elles sont comprises entre 30 et 300 kilogrammes par hectare : 30 à 40 kilogrammes pour les plantes peu exigeantes en azote, comme l'avoine; 250 à 300 kilogrammes, pour la luzerne.

Une certaine dose d'azote provient sans doute de la fixation par les feuilles de l'ammoniaque atmosphérique, mais nous avons fait observer antérieurement que cette dose était peu importante.

Après l'enlèvement de la récolte, il reste dans le sol les racines qui portaient les plantes, et fréquemment la quantité d'azote contenue dans ces racines, sans être aussi considérable que celle de la plante proprement dite, est cependant fort grande.

La matière organique de ces racines subit l'action destructive des microbes qui forment l'humus. Mais il arrive toujours que certains microbes dépassent le but et brûlent trop profondément la substance végétale en dégageant de l'azote gazeux, qui retourne à l'atmosphère et se trouve désormais perdu pour la terre. Cette perte atteint environ $\frac{1}{10}$ de l'azote total de la matière.

Dans l'intervalle qui sépare l'enlèvement des récoltes de la culture consécutive, l'humus du sol continue à se modifier. Si la nitrification est peu active, une certaine quantité de l'ammoniaque produite se dégagera à l'air en pure perte. Si, au contraire, la terre nitrifie rapidement, il se formera des nitrates abondants ; mais, en l'absence de végétaux capables de s'en nourrir, ils seront emportés par les eaux pluviales et iront inutilement aux rivières et à la mer.

A Rothamsted, un champ de blé perdait ainsi annuellement par le drainage 17 à 20 kilogrammes d'azote nutritif.

Voilà donc des causes nombreuses et superposées de déperdition d'azote :

1° L'azote qu'enlèvent les récoltes, soit 30 à 300 kilogrammes par hectare ;

2° L'azote dégagé à l'état gazeux pendant la destruction lente des résidus végétaux ;

3° L'azote éliminé à l'état d'ammoniaque dans l'atmosphère des champs ;

4° L'azote emporté par le drainage sous la forme de nitrates.

Il est assez difficile d'apprécier d'une manière même approchée les pertes dues à ces trois dernières causes ;

elles doivent varier énormément avec la nature des récoltes, la qualité des terres, les conditions climatériques. On peut toutefois prévoir que leur effet sera peu important pour les cultures persistantes, telles que les cultures fourragères. Elles seront au contraire les plus intenses pour les céréales, surtout dans des sols perméables à l'air et à l'eau et capables de nitrifier activement.

La perte totale d'azote doit être annuellement, par hectare, de 50 à 300 kilogrammes; en moyenne, on peut l'évaluer à 100 kilogrammes. Une bonne terre normale contenant de 4,000 à 10,000 kilogrammes d'azote par hectare, nous voyons que la déperdition annuelle est loin d'être négligeable. Après une série de récoltes semblables obtenues pendant moins d'un siècle, tout l'azote aurait disparu. En réalité, le sol s'appauvrira et deviendra assez rapidement incapable de nourrir de bonnes récoltes, à moins qu'il ne lui soit rendu de l'azote, soit artificiellement, soit par des causes naturelles.

Existe-t-il de telles causes, et si elles existent, sont-elles capables de compenser les pertes d'azote subies par la terre? Peut-il arriver que la compensation soit dépassée et que la richesse azotée se trouve devenir plus grande?

Nous connaissons déjà, il est vrai, une source naturelle d'azote : c'est l'ammoniaque et l'acide nitrique fournis par la pluie qui les recueille dans l'atmosphère. Mais l'azote ainsi apporté à la terre ne constitue le plus souvent qu'une fraction très petite de la quantité qui serait nécessaire pour remplacer l'azote perdu.

Y a-t-il une autre cause d'enrichissement azoté? L'azote atmosphérique peut-il dans certaines conditions se fixer sur le sol ou sur les récoltes qui s'y trouvent? C'est ce que nous allons examiner dans le chapitre suivant.

CHAPITRE VI

FIXATION PAR LE SOL DE L'AZOTE ATMOSPHÉRIQUE.

Il convient tout d'abord de consulter l'expérience et de rechercher comment varie d'une année à l'autre la richesse azotée de champs laissés en inculture ou cultivés sans addition d'aucun engrais.

Appauvrissement du sol en azote. — Dans un grand nombre de cas, on trouve que la terre s'appauvrit en azote.

A Rothamsted, Lawes et Gilbert ont, sur un même champ, cultivé du blé sans engrais pendant plus de quarante années consécutives. D'après leurs calculs, la couche arable, épaisse de 23 centimètres, renfermait à l'hectare, en 1840, 3,360 kilogrammes d'azote; une couche égale située au-dessous en contenait 2.460 kilogrammes. La production moyenne de blé était alors de 11 à 12 hectolitres par hectare.

Ce rendement a diminué constamment, et, en 1880, il n'était que d'environ 7 hectolitres (en moyenne). Cette décroissance de la récolte a été corrélative de l'abaissement de la quantité d'azote, qui n'était plus pour le sol actif que de 2,200 kilogrammes au lieu de 3,360, la variation ayant été assez faible dans la couche inférieure. La déperdition d'azote avait donc, pendant ces quarante années, dépassé 1,100 kilogrammes; les récoltes en ayant enlevé environ 800, c'est au drainage principalement qu'il conviendrait de rapporter la différence.

Ici l'appauvrissement est manifeste; les causes naturelles d'enrichissement en azote n'existent pas, ou, si elles s'exercent, sont incapables de lutter contre les causes de diminution.

Enrichissement du sol en azote. — Au contraire, un certain nombre de résultats agricoles fort bien établis conduisent à des conclusions complètement opposées. Diverses cultures pratiquées sans engrais enrichissent le sol en azote, alors même qu'on y prélève de copieuses récoltes. Ce sont principalement les légumineuses fourragères, sainfoin, trèfle, vesce, jarosse, luzerne, et, chose bien digne de remarque, ces plantes sont précisément celles dont la récolte enlève le plus d'azote :

80 kilogrammes	(par hectare),	pour le sainfoin;
90 —	—	pour les vesces;
160 —	—	pour le trèfle;
200 et jusqu'à 300 kil.	—	pour la luzerne.

Malgré ces prélèvements énormes, on constate que *la quantité d'azote s'accroît réellement dans le sol actif*. Dans une terre de Grignon, cultivée en sainfoin sans engrais, la proportion d'azote s'est élevée, en cinq ans, de $1^{gr}47$ à $1^{gr}7$ par kilogramme (P.-P. Déhérain). De là le nom de *plantes améliorantes* qu'on donne fréquemment aux légumineuses fourragères.

Les gains d'azote ainsi réalisés par la couche arable et par les récoltes qu'elle supporte, sont ici fort grands et semblent démontrer la réalité de causes naturelles favorables, dont l'exemple tiré des cultures de blé nous avait fait douter.

En présence de faits aussi dissemblables, l'opinion s'est divisée entre plusieurs théories opposées qui ont suscité de vives discussions et provoqué de nombreuses expériences contradictoires.

Théorie de la fixation de l'azote sur les plantes.

— D'après M. Georges Ville, les plantes vertes, et plus spécialement les légumineuses, sont capables de fixer directement dans leurs tissus l'azote atmosphérique, qui, au contact de la matière hydrocarbonée, s'y transforme en substances azotées. La sève descendante emporte celles-ci jusqu'aux racines disséminées dans les profondeurs du sol; la récolte enlevée, les racines se changent en matière humique, accroissant ainsi la teneur azotée du sol.

Cette opinion n'a pas été adoptée. Les expériences de Boussingault ont établi d'une manière à peu près certaine que *l'azote gazeux ne peut pas se fixer sur les plantes* et contribuer ainsi à leur nutrition azotée.

Tout au plus, pour expliquer la propriété caractéristique des légumineuses, serait-il possible de leur attribuer une aptitude toute particulière à fixer l'ammoniaque de l'air; mais cette affinité spéciale n'est pas démontrée et, le serait-elle, nous ne pourrions raisonnablement admettre qu'elle soit plus que suffisante pour l'alimentation azotée de ces végétaux et permette au surplus l'amélioration de la terre.

Théorie opposée à toute fixation d'azote. — Un grand nombre d'agronomes, parmi lesquels Boussingault, MM. Schlœsing, Müntz, Lawes, ont été amenés à penser que l'azote de l'air ne peut en aucune manière ni être absorbé par les plantes, ni se fixer sur la terre pour en accroître la richesse. D'après eux, tout sol cultivé sans engrais s'appauvrit constamment en azote, et les apports restreints d'ammoniaque et d'acide nitrique atmosphériques ne sauraient empêcher cette diminution incessante. Le sol est comme une mine, un gisement plus ou moins riche de matière azotée, qui finira fatalement par s'épuiser, comme s'épuiseront un jour les gîtes métallifères ou les houillères que nous soumettons à une exploitation ininterrompue.

Les plantes dites améliorantes contribuent tout aussi bien et même plus puissamment que les autres à cet appauvrissement du sol en azote. L'amélioration n'est qu'apparente; elle a bien lieu réellement pour le sol actif, mais c'est aux dépens des couches profondes et du sous-sol.

Les racines de trèfle ou de luzerne pénètrent très abondamment jusqu'à des profondeurs considérables et vont jusque dans le sous-sol chercher l'azote qui y est en réserve et que les céréales y laisseraient. Parfois aussi, sans doute, elles arrivent jusqu'à la couche des eaux souterraines provenant du drainage de champs voisins, et là, elles trouvent des nitrates qu'elles absorbent et utilisent pour se nourrir. Grâce à cet azote puisé très bas, les radicelles se développent nombreuses dans le sol de surface, et les débris végétaux qui en résulteront sont une vraie fumure azotée originaire des parties profondes de la terre. La luzerne, le trèfle sont pour ainsi dire les appareils extractifs de l'azote du sous-sol; grâce à ce transport d'azote inaccessible aux céréales, le sol proprement dit est amélioré, mais c'est au détriment des couches inférieures devenues pauvres.

C'est pour cela que les légumineuses ne peuvent jamais être cultivées indéfiniment dans une même terre dont elles épuisent assez vite les profondeurs. A Rothamsted, on n'a pu maintenir du trèfle pendant une longue période, même avec le concours de fumures intenses.

Théorie de la fixation d'azote sur la terre végétale. — *Historique de la théorie.* — Certains chimistes, pour expliquer la nitrification des sols, émirent l'opinion que la terre végétale peut condenser abondamment les gaz sur ses particules, et que, grâce à cette condensation, l'oxygène et l'azote de l'air peuvent se combiner directement pour fournir de l'acide nitrique. Cette explication est inadmissible, car la terre ne condense pas l'air, et la nitrification ne peut s'y développer qu'à partir d'azote déjà combiné.

D'autres savants, ayant remarqué qu'il se forme toujours de petites quantités de produits nitrés, quand on brûle de l'hydrogène, du charbon, des matières organiques, supposèrent qu'il peut en être de même dans le cas des combustions lentes effectuées à la température ordinaire, et un travail tout récent de M. Berthelot, paraît leur donner raison dans une certaine mesure. S'il en est ainsi, la combustion lente de l'humus peut être accompagnée de la fixation d'une certaine dose d'azote atmosphérique. Mais il est visible que cette dose doit être minime par rapport à la quantité de matière humique détruite, et inférieure même à l'azote perdu par le fait de cette destruction.

Les expériences de Boussingault, puis celles de M. Schlœsing, renversèrent ces hypothèses, et établirent cette opinion, que l'azote atmosphérique ne peut pas se fixer sur la terre végétale, non plus que sur les plantes.

Cependant, il y a une dizaine d'années, MM. Déhérain et Maquenne conclurent de diverses expériences indirectes, que la matière organique du sol est capable d'absorber l'azote gazeux de l'air, pour former des produits organiques azotés. Mais l'opinion n'accepta pas ces conclusions, appuyées sur des démonstrations qui paraissaient insuffisantes.

En 1887, M. Berthelot, qui avait entrepris dans la station agricole de Meudon, une série très étendue d'expériences sur la chimie végétale, a été amené à conclure à la réalité de la fixation d'azote sur la terre arable. A ces résultats positifs, M. Schlœsing a opposé des expériences personnelles négatives. D'autre part, MM. A. Gautier et Drouin ont exécuté d'autres recherches, qui ont confirmé le phénomène de fixation. L'année 1888 a été remplie par cette discussion. Au milieu de ces contradictions absolues, où se trouvait la vérité?

Les travaux récents exécutés par MM. Hellriegel et Wilfarth en Allemagne, par M. Bréal en France, et les résultats publiés, au début de cette année, par M. Berthelot [1], *semblent désormais fixer l'opinion sur ce sujet, en établissant la réalité de la fixation d'azote sur la terre végétale avec ou sans le concours de la végétation.*

Cette question est tellement importante qu'il convient de donner quelques détails sur les résultats obtenus.

Fixation de l'azote sur la terre nue. — Les terres de Meudon, étudiées par M. Berthelot, sont des sols argileux, assez riches en acide phosphorique, chaux, et surtout potasse, mais médiocrement riches en azote. Elles ont toujours pu donner lieu à des fixations d'azote.

Cette fixation cesse d'avoir lieu si la terre a été préalablement chauffée pendant deux heures à la température de 100°. Ceci prouve que la faculté de fixer l'azote aux dépens de l'atmosphère n'est pas due à une action chimique proprement dite, mais est réglée par l'intermédiaire de certains organismes spéciaux infiniment petits. Ces microbes absorbent pour leur compte l'azote gazeux, et déterminent ultérieurement la production sur les particules terreuses de véritables matières albuminoïdes. Ils existent habituellement dans les terres naturelles, mais la chaleur les détruit, et enlève ainsi au sol son aptitude à assimiler l'azote.

1. Les expériences de M. Berthelot ont été répétées avec succès par M. Frank (de Berlin).

Le gain d'azote est également énergique, si la terre est placée sous une cloche fermée, ou si elle est seulement disposée au dessous d'un abri vitré, ou même si elle reçoit librement les eaux pluviales; et ceci établit bien nettement que les apports d'azote dus à l'ammoniaque de l'air, ou à la pluie, n'ont qu'une importance tout à fait secondaire.

Le phénomène, qui a lieu indifféremment à la lumière et dans l'obscurité, est intimément lié à la vitalité propre des microbes qui le dirigent. *Il ne se produit qu'au dessus de 10° et au dessous de 40°.* Il faut, en outre, une *aération convenable de la terre*, la présence de l'azote et aussi de l'oxygène étant absolument nécessaire à l'activité des micro-organismes. *Le sol doit aussi présenter une certaine dose d'humidité*, mais il en faut beaucoup moins que pour la nitrification. Les deux actions, fixation d'azote, oxydation de la matière azotée, peuvent d'ailleurs fréquemment coïncider ; toutefois, *dans un milieu trop oxydant, où la nitrification est excessive, l'azote se fixe difficilement.*

Les proportions d'azote qui peuvent ainsi être combinées à la terre végétale, *sont d'autant plus grandes que la richesse azotée initiale était plus faible.* M. Berthelot ne croit pas que la teneur azotée puisse s'élever au-delà d'une certaine limite[1] : pour les terres argilosableuses qu'il a étudiées, cette limite ne serait pas supérieure à 1gr8 d'azote par kilogramme.

Voici quelques exemples de ces variations de l'azote :

Dans un sable argileux jaune, très pauvre, la teneur azotée, qui était seulement 0gr11 par kilogramme, s'est élevée après deux ans à 0gr15 (environ).

1. Les observations récentes de M. Tacke ont pleinement confirmé ces prévisions : ce savant a remarqué qu'une terre, très enrichie en azote par la culture des légumineuses, perd de l'azote au lieu d'en fixer davantage.

Dans une argile, encore plus pauvre, la proportion s'est élevée en deux ans de 0gr06 à 0gr13.

Dans des terres végétales normales, le gain d'azote réalisé pendant dix à douze semaines de l'été, s'est trouvé approximativement :

Pour une terre ayant	0gr97	d'azote, de	8 %
—	1gr65	—	7,5 »
—	1gr74	—	3,9 »

Ces derniers nombres se rapportent à des sols assez argileux, bien pourvus de l'ensemble des matières nutritives nécessaires. On conçoit que la nature de la terre exerce une influence énorme sur le phénomène, dont la facilité paraît être en quelque manière corrélative du pouvoir absorbant. Les sols pauvres en argile et humus, les sols sablonneux ou calcaires sont sans doute peu aptes à fixer l'azote atmosphérique.

L'introduction naturelle d'azote n'implique pas nécessairement l'enrichissement azoté de la terre nue. Les causes multiples de déperdition azotée, dont la plus importante est la nitrification suivie de l'entraînement des nitrates par les eaux pluviales, tendent simultanément à abaisser la proportion d'azote, et le sol ne deviendra plus riche que si l'action favorable est prédominante. Pendant un été sec, la formation des nitrates sera peu marquée, la fixation d'azote sera très manifeste. Au contraire, une succession de pluies abondantes, alternant avec des journées chaudes et sèches, réaliserait le mieux possible la production et l'élimination des produits nitriques, et, en définitive, le taux de l'azote se trouverait abaissé.

Fixation de l'azote sur les terres cultivées. — Comme on vient de le voir, les expériences de M. Berthelot sur la terre nue ont établi l'existence d'une cause spéciale de fixation d'azote, et, pour des sols argileux moyennement riches en azote, cette cause paraît en général suffisante pour compenser les déperditions naturelles et même réaliser un certain enrichissement de la terre.

Dans un champ cultivé sans engrais, l'alimentation des récoltes doit être réalisée à partir de l'azote nutritif, qui provient de la matière azotée du sol. Les pertes définitives d'azote sont beaucoup plus grandes que pour le sol nu, et on ne peut prévoir *à priori* si elles seront ou non compensées en quelque façon par l'action réparatrice des microbes.

Il convient de distinguer deux cas principaux :

1° La végétation n'accélère pas, ou même retarde, l'action propre des microbes chargés de fixer l'azote atmosphérique ;

2° La végétation accélère cette action.

Premier cas. — Habituellement, dans les terres de richesse moyenne, la végétation de la *plupart des plantes* paraît être légèrement défavorable à la vitalité des microbes qui fixent l'azote, et cela tient probablement à la manière dont les racines végétales modifient le milieu nutritif où les micro-organismes doivent aussi vivre et se développer.

Dans des expériences spéciales faites sur des *amarantes* au laboratoire de Meudon, le gain d'azote réalisé pendant le cours de la végétation pour l'ensemble du sol et des plantes, a été trouvé égal à 13 % de l'azote initial, tandis que pour la terre seule il était de 22 % et même supérieur.

Néanmoins, dans l'exemple cité, la terre s'était enrichie, et c'est ce qui arrive sans doute d'ordinaire dans le cours de la végétation spontanée : la richesse azotée du sol tend à s'accroître jusqu'à une certaine limite où il s'établit un équilibre entre la cause de fixation et les causes multiples de déperdition.

Mais dans les cultures toujours plus ou moins intensives où le poids des végétaux est très grand par rapport à celui du sol, la quantité d'azote enlevé par la récolte et par les actions naturelles surpassera notablement la compensation possible par les microbes spéciaux, et l'épuisement viendra assez vite. C'est ce qu'on observe particulièrement pour les céréales, comme le montrent bien les résultats de Rothamsted.

Deuxième cas. — En présence des légumineuses fourragères, la fixation d'azote a lieu plus énergiquement que sur la terre nue.

Les expériences de MM. Hellriegel et Wilfarth sont sur ce point tout à fait décisives, et elles accusent bien nettement d'abord le caractère microbique du phénomène, et ensuite son allure absolument différente pour les légumineuses et les céréales.

Afin de réaliser des conditions culturales connues et toujours identiques, ces savants ont pris, au lieu de terre végétale, du sable quartzeux naturel extrêmement pauvre en azote, convenablement arrosé avec un liquide nourricier, pourvu des éléments minéraux nécessaires : acide phosphorique, potasse, magnésie, chaux, chlore, acide sulfurique, auxquels ils ajoutaient quelquefois des doses variables de nitrate de chaux.

Un échauffement préalable à 150 degrés permettait de stériliser, c'est-à-dire de débarrasser de tous les germes vivants le sable et aussi le liquide nutritif.

1° Dans ces conditions, si on n'ajoute pas de nitrates, la végétation est très mauvaise pour toutes les plantes sans exception, pour les céréales comme pour les légumineuses. La nutrition n'a lieu qu'à partir des réserves azotées de la graine; on peut cependant atteindre la floraison et même la fructification, mais le poids total est très faible, les fruits obtenus sont excessivement petits, les racines sont fort grêles, quoique saines et ne présentant aucune nodosité.

2° Si on ajoute un peu de nitrates, le développement

devient meilleur et croît proportionnellement au poids des nitrates. On peut alors réaliser des cultures normales, la racine étant volumineuse et toujours dénuée de nodosités.

3° Au sol stérilisé, maintenu privé de nitrates, on mélange quelques centimètres cubes d'un liquide obtenu en plaçant une bonne terre végétale en suspension dans l'eau distillée et décantant après un repos de dix heures. Ce liquide doit contenir un certain nombre des germes microscopiques qui existaient dans la terre végétale.

Dans ces conditions, la végétation des graminées demeure toujours misérable.

Au contraire, les *légumineuses*, après un début assez malingre, ne tardent pas à prendre un développement rapide, et la quantité d'azote qu'elles renferment surpasse de beaucoup celle qui se trouvait dans les graines et dans le sol. En même temps, on constate que *les racines très volumineuses sont toujours couvertes de nodosités spéciales* qui paraissent contenir un grand nombre de microbes. La présence de ces tubercules est corrélative de la fixation azotée, qui est ici visiblement intervenue par l'addition de germes vivants issus de la terre végétale [1].

Si on stérilise par la chaleur la délayure de terre, le phénomène n'a plus lieu, et les légumineuses croissent aussi mal que les graminées.

4° Dans une terre végétale non stérilisée et bien pourvue de nitrates, les légumineuses demandent leur azote non seulement aux nitrates, mais encore au mécanisme spécial des microbes chargés de fixer celui de l'air, et l'existence constante des *nodosités* caractéris-

1. Les recherches de M. Bréal l'ont conduit à des résultats semblables : il a pu obtenir des cultures de ces microbes, qui sont de petits corps allongés, très fins, renflés aux deux bouts.

tiques affirme bien que les deux sortes d'alimentation s'exercent à la fois.

On arrive ainsi à une propriété spéciale assez inattendue des légumineuses fourragères : celles-ci sont bien réellement capables de déterminer une fixation d'azote, non pas sur leurs feuilles, comme on l'avait pensé jadis, mais sur leurs racines, ce gain étant d'ailleurs l'œuvre de microbes parasites de ces racines. Les microbes qui peuvent fixer l'azote sur les particules de la terre végétale nue, trouvent dans les racines des légumineuses un milieu favorable à leur développement, et entre les plantes fourragères et les microbes parasites il s'établit une sorte d'alliance intime utile aux uns et aux autres. Les micro-organismes logés dans les nodosités fixent l'azote gazeux et forment des matières albuminoïdes qu'ils fournissent au végétal supérieur; en échange, celui-ci, par sa sève descendante, leur envoie les produits carbonés élaborés dans les feuilles.

Le grand développement des racines des légumineuses assure leur union plus intime avec le sol, dont elles accumulent en proportion énorme les matières minérales nutritives, et il offre aux parasites infiniment petits un immense champ d'action fertilisante.

Les expériences de M. Berthelot, effectuées avec des terres végétales normales de composition connue, établissent d'une manière non moins parfaite l'influence favorable que la culture des légumineuses exerce sur la fixation d'azote. La quantité totale d'azote fixé, en partie sur les plantes, en partie sur le sol, surpasse habituellement celle qui se fixe sur la terre nue. Les cultures de jarosse, de vesce, de luzerne, ont donné les résultats les plus décisifs : leur développement a été très actif; les racines vigoureuses étaient chargées de nombreux tubercules caractéristiques de la fixation d'azote.

Pendant une période comprise entre onze et vingt-deux semaines, le gain *total* d'azote, calculé à l'hectare pour une épaisseur de terre de 18 centimètres, a été :

	Vesce.	Jarosse.	Luzerne
Terre à 0gr97 d'azote....	316 kilog.	195 kilog.	517 kilog.
— à 1gr65 —	328 —	227 —	589 —
— à 1gr74 —	295 —	326 —	538 —

On voit que la grandeur absolue de ces gains s'est trouvée à peu près indépendante de la richesse azotée du sol. D'ailleurs, c'est la luzerne qui a donné lieu aux fixations les plus élevées, dépassant 500 kilogrammes à l'hectare dans tous les cas. Une fraction importante de cet azote est utilisée par la nutrition du végétal, où il se distribue diversement entre la partie aérienne et les racines. Ainsi, sur 100 parties d'azote fixé pendant une culture de luzerne, la terre en a pris environ 25, c'est-à-dire le quart; les plantes ont profité des trois quarts, savoir : 30 centièmes pour la partie aérienne et 45 centièmes pour les racines. La proportion de matière azotée emmagasinée dans les organes souterrains de la luzerne surpasse donc notablement celle qui se trouve dans les organes visibles. L'écart en faveur des racines est encore plus considérable pour la jarosse; mais il paraît peu accusé pour la vesce.

Cette accumulation spéciale d'azote dans les racines est en relation avec le développement considérable que prennent celles-ci, et elle est corrélative d'un emmagasinement beaucoup plus marqué de matière minérale. Sur 100 parties de cendres fournies par des plants entiers de luzerne, 97 provenaient de la racine, 3 seulement des parties aériennes.

Ces divers résultats permettent très bien d'expliquer la réelle amélioration du sol, qui résulte des cultures de légumineuses fourragères. Le défrichement de la terre, opéré après l'enlèvement de la récolte de luzerne, laisse au milieu de cette terre déjà enrichie d'azote, tous les débris végétaux provenant des racines qui contiennent aussi des quantités considérables de produits azotés et aussi de matières minérales accumulées. C'est une fumure naturelle plus abondante et plus parfaite que toutes les fumures qui pourraient être apportées du dehors. Dans les exemples cités plus haut, le stock d'azote fixé sur 1 hectare par la luzerne dépassait 500 kilogrammes, dont 3 dixièmes seulement étaient utilisés par les récoltes ; le reste, soit 350 kilogrammes au moins, demeuraient dans le sol dans un état facilement assimilable pour les cultures prochaines.

La pratique vérifie très bien ces indications : le blé que l'on sème sur défrichement de luzerne verse fréquemment par excès de nutrition azotée, et on préfère habituellement y cultiver de l'avoine, qui est beaucoup moins sujette à cet accident.

Conclusions. — Les terres végétales peuvent, en général, grâce à l'intervention de microbes spéciaux, fixer des quantités notables d'azote atmosphérique. Cette fixation a lieu aussi bien sur les sols cultivés que sur les sols nus. Si la déperdition d'azote, résultant d'une nitrification active suivie du drainage, ou de la nutrition des récoltes, n'est pas trop grande, la terre s'enrichit en azote jusqu'à une certaine limite. C'est ce qui a lieu pour les cultures forestières ou les prairies naturelles de graminées.

Avec les légumineuses, la fixation d'azote se produit non seulement sur le sol, mais sur les racines elles-mêmes, où la fonction synthétique des microbes s'exerce encore plus vivement que sur le sol. Il en résulte un enrichissement de la terre beaucoup plus marqué que celui qui aurait pu être atteint en l'absence de toute culture.

On voit que les micro-organismes jouent un rôle incessant dans la nutrition azotée des plantes, et à côté du monde végétal visible, il y a tout un monde d'infiniment petits qui en règle pour ainsi dire le développement. Ce sont des microbes qui, détruisant les débris de plantes, forment l'humus et le modifient; ce sont des microbes qui en dégagent les nitrates; ce sont aussi des microbes qui, fixant l'azote gazeux sur leur propre substance, préparent la terre à nourrir les végétaux supérieurs.

CHAPITRE VII.

ALIMENTATION MINÉRALE DES VÉGÉTAUX

Nécessité d'une alimentation minérale. — Le carbone, l'eau, l'azote ne suffisent pas à la nutrition végétale ; certaines matières minérales sont indispensables au même degré.

Cette nécessité est absolue, même pour les végétaux monocellulaires, et paraît inséparable de la vie de toute cellule, végétale ou animale.

Ainsi, M. Raulin a étudié avec beaucoup de soin le développement d'une moisissure qui apparaît fréquemment sur les fruits un peu acides, tels que les oranges ou les citrons, et se distingue par la coloration noire de ses fructifications ; on l'appelle *aspergillus niger*. Cette moisissure exige qu'on lui fournisse de l'eau, de l'azote, de la matière carbonée ; mais cela ne lui suffit pas, elle ne pourrait vivre, par exemple, dans l'eau sucrée additionnée de nitrate d'ammoniaque. Il faut lui donner, en même temps, une alimentation minérale devant contenir autant que possible de l'acide phosphorique, de la potasse, de la magnésie ou de la chaux, de l'acide sulfurique, de l'oxyde de fer, et la suppression d'une seule de ces substances est très défavorable au développement régulier. L'absence d'acide phosphorique, par exemple, rend ce développement 180 fois plus lent.

Il en est de même pour les végétaux proprement dits. A côté de la nutrition en carbone, azote, eau, qu'on peut appeler nutrition organique, ils réclament aussi une nutrition minérale. Cette dernière provient visiblement de la terre, où les racines absorbent les aliments minéraux nécessaires, que la sève ascendante distribue à toutes les cellules de la plante. Ce sont ces matières minérales qu'on retrouve seules, lorsque par la combustion du végétal on détruit la matière organique; elles constituent les *cendres*.

Composition des cendres des végétaux. — La composition chimique des cendres doit nous donner de précieuses indications sur la nature des substances minérales que réclame la nutrition des plantes. Nous donnons ci-après, dans un premier tableau, l'analyse des cendres de différentes tiges végétales; les tableaux qui suivent indiquent la nature des cendres des graines de froment et de divers tubercules et racines.

L'acide carbonique, qui se forme abondamment pendant le grillage, est laissé de ce côté dans ces tableaux.

Composition centésimale des cendres de diverses tiges végétales.

(D'après BERTHIER.)

	VIGNES.	MILLET.	LIN.	ROSEAUX.	PAILLE DE BLÉ.	PAILLE DE SEIGLE.	FOIN.	LUZERNE.	HARICOTS.	CANNE A SUCRE.
Acide phosphorique.	8,2	4,5	9,2	3,0	5,3	4,2	6,1	3,9	4,7	»
Acide sulfurique...	2,0	1,8	3.1	1,6	0.1	2,3	0,6	1.3	0,9	»
Chlore	1,0	0,5	0.8	0,3	1.3	1.4	1.7	0.9	0,9	»
Silice	5,8	43,2	2.4	78,2	73,[illegible]	61,5	39.8	2.2	5.8	68.0
Potasse (et soude)..	15,0	27.8	26.6	2,3	5,4	17,5	11,3	12,4	12,7	22,0
Chaux	36.4	8,6	29,3	7,0	20,6	5,3	18.7	40.5	39,7	10,0
Magnésie	1,8	»	1,7	»	»	»	3,5	2,9	1,0	»
Oxyde de fer......	0,8	0,4	»	»	2,6	»	0,7	»	0,6	»

Composition centésimale des cendres de quelques racines et tubercules.

	POMMES DE TERRE.	BETTERAVES FOURRAGÈRES.	NAVETS.	TOPINAMBOURS.
Acide phosphorique.	11,3	6,0	6,1	10,8
Acide sulfurique . . .	7,1	1,6	1,6	2,2
Chlore	2,7	5,2	2,9	1,6
Silice	5,6	8,0	6,4	13,0
Potasse.	51,5	39,0	33,4	44,5
Soude	traces.	6,0	4,1	traces.
Chaux	1,8	7,0	10,9	2,3
Magnésie	7,4	4,4	4,3	1,8
Oxyde de fer	0,5	2,5	1,2	5,2

Composition centésimale des cendres des graines de froment.

(D'APRÈS DIVERS OBSERVATEURS).

	BOUSSINGAULT.	F. MEUNIER.	LAWES ET GILBERT.	WOLF.	JOHNSTON.
Acide phosphorique	48,3	49,3	50,8	47,1	46,1
Acide sulfurique........	1,0	traces.	traces.	0,4	0,3
Chlore..................	traces.	traces.	traces.	0,4	traces.
Silice..................	1,3	1,9	2,5	1,8	1,2
Potasse.................	30,1	28,6	30,5	33,4	32,7
Chaux...................	3,0	3,1	3,4	3,4	2,8
Magnésie................	16,2	15,4	10,7	12,4	12,0
Peroxyde de fer.........	traces.	0,7	traces.	0,4	traces.

Ces tableaux nous montrent que les cendres contiennent toujours les mêmes substances, mais en proportion assez variable. Celles qui nous y apparaissent les plus importantes sont : l'acide phosphorique, la potasse, la chaux, la magnésie, la silice, et aussi, quoique visiblement moins essentielles, l'acide sulfurique, le chlore, la soude, l'oxyde de fer.

Acide phosphorique. — L'acide phosphorique ne manque jamais dans aucune cendre végétale ; mais il est surtout très abondant dans les cendres des graines et des fruits : la cendre qui provient des graines de froment en contient jusqu'à 50 °/₀.

L'acide phosphorique, qui se trouve dans les cendres à l'état de combinaison avec la chaux, la potasse, la magnésie, s'est produit pendant la combustion du végétal, à partir de la *matière phosphorée* que renfermait ce dernier. D'après les récents travaux de M. Berthelot, cette matière phosphorée est multiple : une portion consiste en phosphates déjà formés, mais la majeure partie est constituée par des composés organiques complexes, qui contiennent du phosphore en même temps que du carbone, de l'hydrogène, de l'oxygène et de l'azote. Quoi qu'il en soit, le *phosphore* à l'état d'acide phosphorique combiné ou de substance organique, est nécessaire à la vie normale de toute cellule : on a vu plus haut que l'*aspergillus niger* est à peu près incapable de se développer dans un milieu nutritif quelconque non phosphaté. L'alimentation des animaux ne pourrait être assurée s'ils ne trouvaient du phosphore dans les matières végétales dont ils se nourrissent. Si la dose en est trop minime, la vie normale ne s'exerce plus et en particulier le développement du squelette est impossible.

Les recherches effectuées il y a peu de temps sur la nutrition végétale, semblent attribuer à la matière phosphorée un rôle prépondérant dans la formation des substances albuminoïdes protoplasmiques, qui sont toujours plus ou moins riches en phosphore. Les nitrates ou les composés ammoniacaux absorbés par les plantes, ne pourraient facilement se changer en matière végétale azotée, qu'en présence d'acide phosphorique ou d'un corps phosphoré équivalent : la nécessité de ces derniers, apparaît ainsi en toute évidence.

Potasse. — La potasse est très abondante dans toutes les cendres végétales : elle se trouve dans tous les végétaux, combinée avec divers acides organiques ou avec l'acide nitrique, et elle y est indispensable à la nutrition régulière. Toutefois, elle n'intervient que faiblement dans l'alimentation des animaux.

Les travaux de Nobbe, Erdmann, Schrœder, ont montré la raison de cette nécessité de la potasse. Lorsqu'on donne à une plante tous les éléments nutritifs, sauf la potasse, la végétation s'arrête, et la plante ne tarde pas à mourir. C'est que l'amidon cesse de se produire dans les feuilles vertes sous l'influence de la lumière, et l'amidon ne se formant plus, les matières sucrées solubles qu'il fournit par son dédoublement, les sucres, les gommes ne se produisent plus et ne peuvent être distribuées à l'organisme végétal tout entier : son développement demeure suspendu.

Si on restitue la potasse, on voit se former de nouveau l'amidon et ses dérivés, et la plante reprend sa vie normale.

Nous apercevons ainsi combien la potasse sera plus nécessaire aux plantes, qui non, seulement font de l'amidon et du sucre pour leur développement, mais en outre accumulent des réserves considérables de matières amylacées ou sucrées, soit dans leurs fruits, comme les céréales, la vigne, soit dans leurs tiges comme la canne à sucre, soit dans leurs tubercules ou leurs racines comme les pommes de terre ou les betteraves sucrières.

Alors, à plus forte raison, l'alimentation potassique sera indispensable ; faute de potasse, la végétation sera mauvaise, ou du moins ne donnera lieu qu'à de faibles accumulations de matière sucrée : le but principal des cultures cessera d'être atteint.

Chaux. — La chaux ne manque jamais dans les cendres, et parfois elle s'y trouve à dose très élevée. La paille de froment en contient beaucoup plus que les graines : mais c'est dans les cendres de sarments de vigne et des légumineuses en général, que la proportion de chaux s'élève le plus : au contraire les pommes de terre en contiennent des quantités assez minimes.

La chaux est bien visiblement nécessaire à l'alimentation des végétaux : elle est également indispensable pour assurer la nutrition animale, car elle entre pour une large part dans la composition du squelette des animaux.

Magnésie. — La magnésie se rencontre à peu près toujours dans les cendres végétales, et quoique son importance paraisse moindre que celle de la chaux, la forte teneur en magnésie des cendres issues des grains de froment, prouve que c'est probablement un aliment sinon nécessaire, du moins très utile.

Acide sulfurique. — L'acide sulfurique figure toujours à doses assez variables dans les cendres des plantes : il y est combiné avec la potasse, la chaux, la soude ou la magnésie. Une portion de ces sulfates existait déjà dans le végétal, mais la majeure partie s'est formée pendant l'incinération, à partir des matières sulfurées organiques toujours abondantes daus les plantes, ainsi que l'a montré M. Berthelot. Les matières albuminoïdes contiennent toujours une certaine quantité de soufre qui paraît nécessaire à leur constitution. Certains végétaux, les crucifères, les légumineuses, sont plus particulièrement riches en produits sulfurés. Quand on les brûle, ces produits donnent naissance à une certaine dose de sulfates, mais la majeure partie du soufre se change en produits gazeux qui se dissipent dans l'atmosphère.

Silice. — La silice se trouve en proportions énormes dans certaines plantes, notamment dans les feuilles et les tiges des graminées, dans les fougères, etc. Ainsi les cendres contiennent jusqu'à 75 centièmes de silice pour la paille de blé, jusqu'à 78 centièmes pour la paille de roseaux.

On a jadis attaché beaucoup d'importance à cette forte teneur siliceuse. On attribuait la rigidité des tiges de céréales à la présence de la silice dans leurs tissus ; s'il en est ainsi, l'insuffisance de silice dans l'alimentation végétale doit entrainer un affaiblissement de la rigidité des tiges : le blé *versera.*

Cette hypothèse ingénieuse, qui attribue à la silice un rôle mécanique essentiel, n'est pas justifiée. Is. Pierre a reconnu que cette matière est surtout localisée dans les feuilles et non dans les tiges. D'ailleurs, Sachs a élevé des pieds de maïs sur un sol artificiel absolument dénué de silice ; leur croissance a été normale, leur stabilité suffisante, bien que leurs cendres n'aient pas fourni traces de silice.

La verse est en réalité dûe, non pas au manque de silice, mais à un excès de nutrition azotée qui détermine un développement exagéré et anormal de la végétation. Le moyen de l'éviter consiste à régulariser les conditions de la croissance des plantes par l'addition d'une nutrition minérale bien proportionnée à l'alimentation azotée.

La silice ne semble donc pas indispensable ; cependant *elle ne parait pas être inutile.* Les feuilles des graminées et des cypéracées fourragères ont, dans les conditions normales, leurs cellules partiellement recouvertes de silice, ce qui leur donne une dureté fort grande. Or, d'après un travail récent de Stahl, cela suffit pour les protéger contre les limaces et les escargots qui, sans cela, les dévoreraient rapidement. Cette silicification serait une condition *sine quâ non* de l'utilisation culturale des graminées fourragères qui, privées de silice, ne résisteraient pas aux attaques des escargots.

Le *chlore*, la *soude*, le *sesquioxyde de fer* ne manquent jamais, bien qu'ils ne paraissent pas être absolument nécessaires ; pourtant certaines observations tendent à établir que la présence du fer est très favorable à la formation de la chlorophylle. La chlorose des plantes semble fréquemment corrélative de l'absence de matières ferrugineuses dans la terre végétale[1].

Nature chimique du sol. — La nutrition minérale doit être assurée par le sol ; il faut que celui-ci contienne en quantité suffisante toutes les substances que l'analyse des cendres nous a désignées. Un sol ne sera livré utilement à la culture que s'il possède tous ces principes, en même temps qu'une dose convenable de matières azotées. Quand un seul de ces principes nécessaires, par exemple l'acide phosphorique ou la potasse, vient à manquer, le sol est mauvais, mais il redeviendra fertile si on lui fournit artificiellement cet élément unique qui fait défaut.

Notions tirées de l'analyse physique du sol. — L'analyse physique de la terre végétale peut fournir quelques indications sur la richesse d'un sol en matières nutritives minérales. Nous avons vu qu'elle sépare dans les terres normales quatre constituants essentiels : argile, sable, calcaire, humus.

L'*argile* est principalement formée par un silicate

1. D'après les expériences de M. Griffiths, le rôle du fer serait très important pour assurer le bon état et le développement régulier des récoltes : les rendements des prés, des pommes de terre et même des betteraves et des turneps, se trouveraient accrus dans une forte proportion par l'addition de sulfate de fer à un sol peu ferrugineux.

d'alumine hydraté, qui provient surtout de la désagrégation des feldspaths ou des micaschistes; les feldspaths sont des silicates doubles d'alumine et de potasse, les micas sont des silicates d'alumine et de magnésie. En vertu de cette origine, les argiles contiennent toujours une dose assez élevée de *magnésie* et de *potasse*, et aussi de *fer;* la quantité de silice y est fort grande. Voici, par exemple, l'analyse d'une argile assez pure utilisée pour la fabrication des poteries :

Silice	50,6
Alumine	35.2
Potasse	0,3
Soude	0,6
Magnésie	0,5
Oxyde de fer	0,4
Eau	12,4
Total	100,0

Le *sable* est composé en majeure partie de silice et et de silicates feldspathiques ou micacés; il renferme fréquemment une proportion notable de potasse et de magnésie, mais sous un état assez impropre à la nutrition des plantes.

Le *calcaire* comprend à peu près exclusivement du carbonate de chaux, auquel se trouve toujours associée une certaine quantité d'*acide phosphorique*, d'*acide sulfurique* et de magnésie.

Quant à la *matière humique*, son abondance nous renseigne surtout sur la richesse azotée de la terre, bien que la substance organique y soit le plus souvent combinée avec des éléments minéraux : chaux, potasse, acide phosphorique, qui s'y trouvent sous une forme très convenable pour l'assimilation végétale.

Mais les quelques prévisions que l'on peut formuler

au moyen de la connaissance physique d'une terre, ne sauraient offrir des garanties bien sérieuses. Le plus souvent, les sols calcaires contiennent de l'acide phosphorique, mais il peut s'en trouver où cette matière fait défaut.

Analyse chimique du sol. — Il est donc nécessaire de chercher directement la composition chimique de la terre. De même que nous avons un grand intérêt à savoir combien d'azote s'y trouve à la disposition des végétaux, nous devons aussi connaître combien il y a de phosphore, de potasse, de chaux, et aussi, quoique la question paraisse moins importante, combien il y a de magnésie, de soufre, de fer et des autres substances qui peuvent jouer un certain rôle dans l'alimentation minérale des récoltes.

On s'adresse à la chimie et on lui demande d'analyser la terre.

Le problème ainsi posé peut toujours être résolu, mais la solution n'aurait qu'une utilité assez médiocre.

Quand il s'est agi de l'azote du sol, nous avons indiqué trois états distincts : l'un, immédiatement utilisable par les plantes, mais de conservation difficile, l'*azote nitrique;* l'autre, également utilisable, moins fragile que le premier, l'*azote ammoniacal;* le troisième, l'*azote organique*, incapable d'être absorbé tout de suite, mais constituant une réserve qui peu à peu fournit les deux premières formes. Il est de beaucoup le plus important, c'est un véritable capital azoté, susceptible de s'accroître en vertu de certaines actions lentes.

Assimilabilité relative des principes du sol. — Il y a lieu de faire pour les matières minérales du sol, des distinctions analogues; il convient de séparer *celles qui sont assimilables tout de suite*, de celles qui ne le sont pas encore, et parmi ces dernières, il faudrait encore mettre à part, *celles qui*, à la manière de l'azote organique, *fournissent pour ainsi dire un revenu normal de substance assimilable*, en vertu de leur transformation régulière, et celles qui au contraire ne deviendront capables de fournir ce revenu, qu'après une longue série d'années, peut-être même de siècles.

En d'autres termes on peut concevoir trois formes distinctes pour les diverses substances :

1° Assimilables à bref délai ;

2° Lentement assimilables, ce serait la *réserve actuelle ;*

3° Non assimilables, ce qui constituerait la *réserve séculaire*.

Malheureusement la distinction pratique entre ces trois états est loin d'être aisée : nous savons assez mal comment se fait l'absorption par les racines, et il est dès lors bien difficile de savoir où commence et où s'arrête l'assimilabilité ; la séparation de la réserve active et utile de celle que nous avons appelée réserve séculaire serait encore plus difficile.

De là résultent des écarts très importants dans les appréciations d'un même sol par les divers agronomes.

Certains ont proposé de ne considérer comme immédiatement assimilables que les principes solubles dans une grande quantité d'eau pure. Les nitrates sont bien réellement dans cette catégorie ; mais on n'y trouverait jamais d'acide phosphorique, et les doses de potasse ainsi accusées seraient minimes, à cause du pouvoir absorbant qui retient énergiquement sur les particules de terre les sels potassiques solubles dans l'eau.

Il vaudrait mieux sans doute, au lieu d'eau pure, employer comme dissolvant, l'eau chargée d'acide carbonique.

Mais cette restriction n'est guère acceptable, car l'absorption radicale ne s'exerce pas habituellement par l'intermédiaire d'un liquide, mais à sec, sans doute à cause de la présence dans les tissus végétaux, de liquides acides, qui contiennent des acides oxalique, tartrique, citrique.

Faut-il donc substituer à l'eau pure, un acide végétal plus ou moins concentré ?

On comprend que des divergences fort grandes soient intervenues dans les méthodes de recherches, et comme les résultats varient avec le procédé mis en usage, il sera nécessaire dans chaque cas, de bien indiquer quel procédé a été suivi.

Ainsi dans une terre de Meudon, la potasse totale (dosée par la méthode rigoureuse du fluorhydrate d'ammoniaque) s'élevait à 8gr9 par kilogramme de terre fine. (M. Berthelot.)

Or, par un traitement prolongé à l'*eau pure*, on ne pouvait lui enlever plus de 0gr2 de potasse, soit $\frac{1}{45}$ de la quantité totale.

L'*eau sucrée*, l'*eau chargée d'acide carbonique*, en enlevaient le double, soit environ $\frac{1}{22}$.

Avec l'*acide acétique étendu*, le poids enlevé était le triple de celui extrait par l'eau pure, soit $\frac{1}{15}$.

L'*acide nitrique étendu*, l'*acide chlorhydrique dilué*, parvenaient à extraire $\frac{1}{12}$ du poids total.

Avec l'*acide nitrique concentré et chaud*, selon les procédés habituels des laboratoires agricoles, on recueillit seulement 1gr03 de potasse, soit au maximum $\frac{1}{8}$ de la dose réelle.

La majeure partie demeure donc inattaquée même par l'action prolongée de réactifs puissants. Ces quantités de potasse seront-elles à jamais inutiles à la végétation ? l'action des siècles les rendra-t-elle utilisables ? Il serait fort difficile de répondre. Nous sommes très mal fixés sur le degré réel d'assimilabilité de la potasse dans cette terre.

Examinons successivement à ce point de vue les matières minérales les plus nécessaires.

Phosphore (acide phosphorique). — Dans un sol absolument privé d'humus, le phosphore existe seulement sous forme de *phosphates;* ce sont principalement le *phosphate de chaux,* tribasique comme celui des os, le *phosphate d'alumine,* le *phosphate de fer.*

Ces phosphates sont tout à fait insolubles dans l'eau pure ; le lavage prolongé de la terre n'en enlève pas de quantités appréciables. Mais l'eau chargée de matières salines ou même d'acide carbonique, en dissout de petites doses.

Dans une terre végétale pourvue d'humus, le phosphore utilisable pour la nutrition végétale ne se trouve pas seulement à l'état de phosphate ; il existe aussi dans la matière humique, sous forme de substances organiques complexes, analogues à celles qu'on rencontre dans les tissus des plantes.

Ces substances sont multiples. Les unes proviennent sans doute des petites quantités de phosphates, dissoutes par les eaux, puis fixées par la matière carbonée de l'humus en vertu de son pouvoir absorbant. Elles peuvent régénérer de l'acide phosphorique par l'action des acides, ou même par l'effet prolongé de l'eau impure, et paraissent très propres à l'alimentation phosphorée des végétaux.

Les autres, semblables à la substance phosphorée des cellules vivantes, existent dans les débris organiques de la terre, et dans la matière vivante microbique qui abonde dans le sol arable : elles ne fournissent d'acide phosphorique que lorsqu'on les soumet à une oxydation prolongée ou très intense.

On néglige d'ordinaire cette distinction qui n'a été établie nettement que l'année dernière par M. Berthelot : on admet que tout le phosphore est à l'état d'acide phosphorique combiné à diverses bases. Dans la pratique, il n'y a guère d'inconvénients à exprimer la teneur phosphorée totale en acide phosphorique équivalent. Mais, par le fait même de la diversité de la matière phosphorée, on peut prévoir de réelles difficultés pour la doser et apprécier son assimilabilité relative.

Aussi les quantités d'acide phosphorique indiquées dans une terre varient beaucoup avec les procédés analytiques dont on fait usage. L'acide chlorhydrique étendu de beaucoup d'eau, ne peut dissoudre à froid qu'une faible proportion de matière phosphorique : le même acide, employé concentré ou chaud, opère une dissolution plus avancée, mais qui est encore loin d'être totale.

M. Berthelot a publié sur ce point des résultats semblables à ceux qu'il a donnés pour la potasse (voir ci-dessus).

Une même terre a été soumise à des traitements différents : lavage prolongé par l'acide chlorhydrique très dilué, épuisement à chaud par le même acide moins étendu, attaque pendant seize heures consécutives par l'acide nitrique pur et bouillant ; enfin, attaque par l'oxygène au rouge en présence du carbonate de soude. Cette dernière méthode fournit avec certitude la totalité du phosphore que contient le sol. Voici les doses d'acide phosphorique, ainsi obtenues dans chaque cas, pour 1 kilogramme de terre fine sèche :

Acide chlorhydrique très étendu......	0gr31
Acide chlorhydrique étendu chaud....	0gr93
Acide nitrique pur et bouillant........	1gr41
Méthode rigoureuse.................	1gr47

On voit que l'action, suffisamment prolongée de l'acide nitrique pur et chaud, fournit à peu près totalement la teneur phosphorique de la terre. *C'est le mode opératoire habituellement pratiqué dans les analyses de terres*, mais le plus souvent l'attaque ne durant pas assez, les valeurs trouvées doivent être trop faibles.

M. Grandeau pense qu'on peut regarder comme assimilable l'acide phosphorique qui est dissous par l'acide chlorhydrique étendu. Mais, en réalité, nous ne pouvons guère être instruits sur ce point. En faisant varier la dilution de l'acide, et aussi la durée de l'action, nous verrons les résultats se modifier.

Faute de mieux, *nous devrons nous contenter du dosage total de l'acide phosphorique, par l'action très prolongée de l'acide nitrique pur ou de l'eau régale*[1].

Si la quantité totale est grande, il y a beaucoup de chances pour que la quantité assimilable soit grande aussi, et le plus souvent cette corrélation paraît confirmée par la pratique agricole : les terres riches en acide phosphorique total en fournissent aisément aux récoltes.

Quant à la quantité absolue d'acide phosphorique ainsi trouvée dans les sols, elle est assez variable, et paraît étroitement liée à la fertilité propre des terres : habituellement les champs très productifs sont riches en acide phosphorique.

Les terrains d'origine granitique en contiennent peu, moins de 5 décigrammes par kilogramme de terre fine. Les calcaires, les terres d'alluvions en ont d'ordinaire de 5 décigrammes à 1 gramme. Les terres volcaniques ou formées par des alluvions d'origine volcanique renferment de fortes doses d'acide phosphorique; dans une vigne de Nicolosi, sur la route de Catane à l'Etna, M. de Gasparin a trouvé jusqu'à 6gr20 par kilogramme. La terre de Lacryma-Christi en contient 3gr6. Certains sols de Pont-du-Château, en Limagne, en renferment jusqu'à 4gr16.

Une terre qui contient par kilogramme moins de

1. Telle a été l'opinion du Congrès international de chimie tenu à Paris au mois d'août dernier. Voir à la fin du volume la note V sur les décisions de ce Congrès.

5 décigrammes d'acide phosphorique, a besoin d'engrais phosphatés : si on ne veut pas lui en fournir, par exemple lorsque les autres éléments de fertilité sont médiocres, il convient de la consacrer à la culture forestière, qui est la moins exigeante en acide phosphorique.

En général, toutes les fois que la dose d'acide phosphorique est inférieure à 1 gramme, l'addition d'engrais phosphatés sera utile. Dans une terre contenant plus de 1 gramme par kilogramme, cette addition serait inutile, ou du moins peu utile, et en général non rémunératrice.

Potasse. — La potasse existe dans le sol sous des formes bien différentes. La majeure partie se trouve à l'état de silicates insolubles, provenant de la destruction des roches granitiques.

Les eaux souterraines, toujours chargées d'acide carbonique, enlèvent à ces silicates de petites quantités de potasse, qui passent à l'état de carbonate dissous. Ce dernier est consommé par les plantes ou bien se fixe sur les particules d'humus ou d'argile, qui le retiennent avec énergie. Cette potasse ainsi fixée sur la terre y constitue une véritable réserve nutritive, qui demeure constamment à la disposition des racines. Un sol dénué du pouvoir absorbant, tel qu'un sol sablonneux, pourrait être fort riche en potasse sans qu'il en résulte pour la végétation un bénéfice notable, puisque la potasse mise en liberté par les transformations lentes de la terre, ne serait pas conservée pour les besoins de l'alimentation végétale.

Cette dose de potasse visiblement nutritive peut être évaluée avec quelque précision : il suffit d'épuiser la terre par une *très grande quantité d'eau,* qui finit par enlever presque entièrement toute la potasse fixée sur les particules terreuses. Elle est toujours peu élevée, et sa proportion à la potasse totale varie beaucoup d'une terre à une autre. Elle est considérable dans les sols alluvionnaires riches en humus et en argile, par exemple dans les terres à canne à sucre de Louisiane. Elle est, au contraire, très faible pour les terres siliceuses, dont le pouvoir absorbant est peu marqué. C'est ce qu'on aperçoit bien dans le tableau suivant, qui indique pour divers sols les quantités de potasse totale et de potasse soluble dans l'eau pure (rapportées à 1 kilogramme de terre fine séchée à l'air) :

	Potasse totale.	Potasse soluble.	Quantité °/₀ de potasse soluble.
	—	—	—
Terre siliceuse...........	6gr.5	0gr.024	0,37
Terre silico-argileuse.....	3 , 6	0 , 05	1,1
Terre argileuse	1 , 5	0 , 05	3,3
Terre à cannes à sucre...	5 , 5	0 , 4	7,2

On peut se demander aussi, comme pour l'acide phosphorique, quelle est la dose de potasse soluble dans l'acide chlorhydrique étendu ; c'est ce qu'a fait M. Grandeau. On trouve naturellement une valeur plus forte qu'avec l'eau pure[1].

Voici les résultats qu'il a trouvés pour trois terres différentes :

Potasse totale (par kilog. de terre.)	Potasse soluble dans l'acide étendu.	Quantité °/₀ de potasse soluble.
—	—	—
6gr.58	0gr.21	3,2
2 , 64	0 , 32	12,1
3 , 55	0 , 34	9,6

La proportion est très variable : le sol le plus riche en potasse est celui qui en fournit le moins à l'acide chlorhydrique étendu.

1. Dans l'exemple cité plus haut, d'après M. Berthelot, cette valeur est quatre fois plus grande que pour l'eau pure.

Ceci montre qu'il ne faut pas attacher une trop grande importance à la quantité totale de potasse qui se trouve dans une terre végétale.

Dans l'analyse agricole, telle qu'elle est pratiquée habituellement[1], *on n'obtient jamais à beaucoup près la potasse totale,* mais seulement la quantité de potasse soluble en quelques heures dans l'acide azotique concentré chaud ou l'eau régale chaude. Si la dose ainsi mesurée est grande, il arrive d'ordinaire que la nutrition potassique est suffisamment assurée.

La quantité absolue[2] de potasse contenue dans la terre varie dans des limites très étendues. Les terrains d'origine granitique ou volcanique sont le plus souvent assez riches et contiennent jusqu'à 10 grammes de potasse par kilogramme de terre fine. Les terres argileuses en sont d'ordinaire bien pourvues, tandis que les sols calcaires n'en renferment que des proportions assez faibles.

Pratiquement, on peut considérer comme suffisamment riches en potasse les terres qui contiennent, par kilogramme, 1 à 2 grammes de potasse totale (évaluée par la méthode usuelle). Au-dessous de 1 gramme par kilogramme de terre, la teneur en potasse est habituellement insuffisante pour subvenir aisément aux nécessités des récoltes : l'addition d'engrais potassiques est utile. Elle serait, au contraire, inutile, voire même nuisible, dans un sol riche en potasse.

Chaux. — La chaux est indispensable à la nutrition végétale, mais sa présence dans le sol est également rendue nécessaire par d'autres effets très importants dont nous avons parlé antérieurement.

L'ameublissement du sol ne peut persister sous les

1. Voir note V à la fin du volume.
2. Mesurée comme il vient d'être dit.

eaux pluviales que si la terre renferme des sels de chaux capables de coaguler l'argile et de s'opposer ainsi à son entraînement par l'eau.

Il faut, en outre, du carbonate de chaux pour assurer les phénomènes de la formation de l'humus et de la nitrification.

La chaux n'existe jamais dans le sol à l'état de chaux libre; mais elle y figure sous forme de combinaisons assez variées.

La principale est le *carbonate de chaux* ou calcaire, qui parfois, dans les sols crayeux, constitue la majeure partie de la terre. Le *sulfate*, le *phosphate*, les *silicates* de chaux se trouvent fréquemment, mais à dose plus faible; il y a aussi du *nitrate de chaux*, composé temporaire, dû aux actions nitrifiantes du sol, et pouvant être facilement emporté par des pluies abondantes.

Enfin, la chaux existe aussi combinée aux produits humiques acides. Les quantités d'*humates de chaux*, que l'on rencontre dans certaines terres végétales, sont parfois considérables. Les acides humiques, qui prennent naissance par la destruction des matières végétales, ne peuvent exister à côté de carbonate de chaux sans le détruire; il se dégage de l'acide carbonique, et la chaux demeure combinée à l'acide organique. Cet effet se produira toujours tant que la totalité de l'humus n'aura pas été saturée de chaux. *Dans une terre à réaction acide, le carbonate de chaux ne peut subsister normalement;* il ne peut rester du calcaire libre que dans un sol non acide.

Nécessité du carbonate de chaux. — Pour que la nitrification s'effectue convenablement, il ne suffit pas que la terre contienne de la chaux; *il ne faut pas qu'elle soit acide; il faut qu'elle renferme une certaine provision de carbonate de chaux.* L'humate de chaux n'est pas apte à entretenir la production des nitrates; il faut le carbonate de chaux.

Pour être bien renseigné sur la vraie constitution du sol, il faudrait donc apprécier séparément la *chaux carbonatée* qu'il contient. Le dosage de la *chaux totale* ne peut suffire.

Dosage du calcaire actif dans les terres. — Le dosage du *carbonate de chaux* dans les terres végétales peut être réalisé avec précision par les méthodes chimiques : mais les résultats ainsi obtenus peuvent ne présenter au point de vue agricole qu'un intérêt fort médiocre. Il peut arriver, par exemple, que l'analyse indique un stock assez important de carbonate de chaux, dans une terre qui présente une réaction acide bien nette et se comporte dans la culture comme si elle était dépourvue de calcaire. C'est que dans un tel sol, le carbonate de chaux n'est pas intimément mélangé aux autres matières, mais s'y trouve seulement distribué en quelques fragments isolés plus ou moins volumineux, qui ne peuvent exercer sur l'humus acide de la masse qu'une action tout à fait locale.

En réalité, le *calcaire utile* ne comprend que les grains très ténus, et la surface des grains plus gros. M. de Mondésir a indiqué l'année dernière une méthode très simple qui permet d'évaluer rapidement la dose de ce calcaire. Ce procédé pouvant aisément être appliqué par les agriculteurs eux-mêmes, nous décrivons en détail cette méthode, simplifiée encore par M. Couzi, préparateur à la Faculté des Sciences de Toulouse. (Voir la note IV à la fin de cet ouvrage.)

M. de Mondésir, par l'emploi de sa méthode, a constaté qu'un grand nombre de terres dont la teneur en chaux est assez grande, manquent de carbonate de chaux : la chaux y est entièrement combinée aux acides de l'humus, qui peuvent ainsi en retenir 3 à 4 grammes par kilogramme de terre.

Ainsi qu'on l'a dit plus haut, cette absence de calcaire libre a pour conséquence habituelle l'acidité du sol, l'acide humique n'étant pas complètement saturé. C'est un état défavorable à la culture, qu'il convient de faire cesser, en ajoutant des amendements calcaires, de manière à détruire l'acidité : il n'est pas nécessaire de dépasser beaucoup cette neutralisation, même pour les cultures réputées les plus exigeantes en calcaire, comme les légumineuses fourragères. Il suffit pour obtenir de bonnes récoltes, qu'il y ait des doses minimes de calcaire bien disséminé. L'essentiel, *c'est que la terre ne soit plus acide, et qu'il y ait un peu de calcaire en excès :* dans ces conditions, le sol nitrifie bien, et la végétation est prospère.

Le défaut de calcaire se rencontre très fréquemment dans les sols d'origine granitique, où la quantité totale de chaux est parfois très faible et inférieure à 1 gramme par kilogramme, alors toujours combinée aux produits humiques.

Mais on n'aura jamais à redouter et à combattre cette insuffisance, *toutes les fois que la terre donnera lieu à une vive effervescence quand on y verse un acide,* tel que de l'acide chlorhydrique, ou seulement du vinaigre. Dans certains sols, il y a jusqu'à 800 grammes de carbonate de chaux par kilogramme de terre : là, le plus souvent, les produits humiques font à peu près défaut.

On admet habituellement qu'une terre doit contenir normalement au moins 10 grammes par kilogramme. Il faudrait bien se garder de penser que les amendements calcaires doivent se proposer d'atteindre cette teneur. Pour une bonne culture, il faut surtout qu'il y ait du carbonate de chaux libre, et comme les pertes par le drainage sont assez notables, il convient de veiller à ce que cette condition continue à être remplie.

Magnésie. — Les terres végétales contiennent la magnésie à l'état de silicates ou de carbonate : cette dernière forme semble la plus favorable à l'assimilation végétale. Les sols calcaires renferment par kilogramme, jusqu'à 4 grammes de magnésie; les sols argileux en ont aussi des doses notables, qui, d'après M. de Gasparin, surpassent habituellement 1 gramme par kilogramme. *Ces proportions sont bien suffisantes pour les besoins nutritifs des récoltes :* en général les agriculteurs n'ont pas à se préoccuper de fournir à leurs terres des amendements magnésiens.

Soufre (Acide sulfurique). — On admet habituellement que le soufre qui entre dans la composition de la terre végétale, s'y trouve entièrement sous forme d'*acide sulfurique,* combiné avec diverses bases.

M. Berthelot a montré récemment que cette opinion est tout à fait inexacte. Les sulfates qui existent dans les sols peuvent être séparés par la digestion prolongée de la terre dans l'acide chlorhydrique dilué et chaud, conformément à la méthode suivie d'ordinaire pour leur dosage. On trouve ainsi des résultats très variables : les sols crayeux n'en fournissent presque pas, tandis que certaines terres contiennent plus de 7 grammes d'acide sulfurique par kilogramme.

	Acide sulfurique par kilogr.
Terres de pâturages...............	7gr.82
id.	2 , 42
Terre du Lauragais...............	0 , 58
Terre de Meudon.................	0 , 45
Terre crayeuse de Champagne.....	0 , 008
Id.	0 , 001

Mais le plus souvent, le soufre qui entre dans cet acide sulfurique, *n'est qu'une faible fraction du soufre total de la terre.*

Le dosage normal du soufre total, effectué par oxydation au rouge en présence du carbonate de soude, conduit à des résultats très élevés surtout pour les terres végétales riches en matières azotées. Dans la terre de Meudon, qui renfermait par kilogramme 0gr45 d'acide sulfurique, contenant 0gr18 de soufre, M. Berthelot a trouvé pour le soufre total : 1gr41, soit sept fois plus. Le soufre y existait donc principalement sous forme de composés organiques sulfurés d'un ordre spécial. Ces combinaisons, encore fort mal connues, ont visiblement pris naissance à partir des sulfates ; elles peuvent sans doute, aussi bien que ceux-ci, assurer l'alimentation sulfurée des récoltes, et ont probablement l'avantage d'une insolubilité plus grande dans les eaux météoriques. Ces distinctions n'ont pu être faites jusqu'à présent et on s'est borné à évaluer la dose d'acide sulfurique contenu dans les terres.

La formation des tissus végétaux exigeant du soufre, il faut nécessairement que le sol renferme une provision notable de cet élément, et les cultures des plantes les plus riches en soufre, telles que les légumineuses et crucifères, doivent avoir de ce côté des exigences spéciales dont on s'est en général assez peu préoccupé. Si les sulfates ou la matière sulfurée font défaut, leur addition s'impose absolument : le plâtrage, qui apporte à la terre du *sulfate de chaux*, rendra alors de grands services, principalement pour les récoltes de légumineuses : le *sulfate d'ammoniaque*, qu'on emploie fréquemment comme engrais azoté, pourra intervenir utilement comme amendement sulfuré. Quelques agronomes ont pensé qu'une partie des bons effets des superphosphates sur certains sols calcaires déjà riches en acide phosphorique est due au sulfate de chaux que ce produit renferme toujours. Dans ce cas, on aurait une grande économie à se borner au plâtrage.

CHAPITRE VIII.

FERTILITÉ NATURELLE DE LA TERRE

La fertilité parfaite serait celle d'un sol qui pourrait, sans recevoir aucun engrais, fournir une longue série de récoltes abondantes. C'est là une conception presque hypothétique. La fécondité absolue n'est jamais atteinte d'une manière complète; c'est tout au plus si quelques terres privilégiées paraissent en approcher : telles sont les fameuses terres noires de Russie, tels sont certains sols de l'Amérique du Sud, observés par M. Boussingault.

Conditions de la fertilité. — Cette fertilité idéale ne pourrait se rencontrer que dans une terre réunissant toutes les qualités physiques et chimiques dont nous avons reconnu l'utilité, et pouvant conserver ces qualités pendant de longues années.

Il faut pour cela que la terre soit et demeure favorable à la végétation des diverses cultures. Le développement du système radiculaire doit être facile, ce qui exige que le sol soit profond et toujours bien ameubli. La respiration des racines doit être assurée par une pénétration suffisante de l'air au travers des couches de terre, ce qui réclame une perméabilité durable. L'alimentation en eau demande que le sol soit maintenu dans un état convenable d'humidité, qui ne saurait être excessive sans s'opposer à l'accès de l'air. Toutes ces conditions réclament la bonne constitution de la terre végétale, qui doit être formée par une association convenable d'argile, de sable, de calcaire et de matière humique.

Mais il faut aussi que l'alimentation azotée et minérale des récoltes se trouve pleinement assurée; et cela n'a lieu que si la terre renferme en abondance toutes les substances nutritives nécessaires : azote, phosphore, potasse, chaux, soufre. La dissémination de ces matières dans toute l'épaisseur du sol doit être très régulière, afin que, dans chacune de ses parties, celui-ci soit semblable et aussi parfait. Il faut également que ces principes se trouvent dans un état convenable d'assimilabilité, ou du moins que les actions naturelles y développent progressivement des doses de matière assimilable suffisantes pour la nutrition des récoltes.

L'analyse physique nous renseigne bien sur les qualités physiques d'une terre, l'analyse chimique nous fait connaître encore plus exactement sa vraie composition. Mais nous ne possédons encore aucune méthode exacte capable d'évaluer la dissémination et le degré d'assimilabilité des principes nutritifs; ce sont là cependant des données fort importantes. M. Grandeau a cité deux champs que l'analyse indiquait devoir être identiques : l'un était fertile, l'autre mauvais; c'est que dans celui-ci les matières nutritives étaient mal distribuées et surtout dans un état peu favorable à l'assimilation végétale.

La fertilité nous apparaît donc comme la résultante d'un très grand nombre de conditions. Si l'une d'elles vient à manquer, ou bien n'est remplie que d'une façon trop imparfaite, la fertilité en est atteinte plus ou moins, et il pourra se faire qu'elle soit totalement supprimée et que la terre soit inféconde.

Caractéristiques de la fertilité. — Une notion aussi complexe peut-elle être acquise au moyen d'*une* *caractéristique unique?* Certains agronomes l'ont essayé ; mais ce qui est le plus capable d'en démontrer l'impossibilité réelle, c'est qu'ils n'ont pas tous choisi la même.

Richesse phosphorique. — M. de Gasparin a considéré la richesse en acide phosphorique comme signe principal de la fertilité, et nous avons déjà dit qu'il appelle terres *pauvres* celles qui ont par kilogramme moins de 0gr5 d'acide phosphorique. Les terres *riches* en contiennent de 1 à 2 grammes ; une teneur supérieure à 2 grammes est le signe d'une richesse exceptionnelle.

M. Truchot a trouvé que l'examen des terres d'Auvergne donne raison à la classification de M. de Gasparin. Celles qui sont fertiles proviennent des roches volcaniques, et, par suite, contiennent beaucoup d'acide phosphorique, par exemple :

Terre de Pont-du-Château (Limagne).	4gr16 par kil.
Terre de Sarlière..................	3 04 —

Celles qui sont peu fécondes sont issues des roches granitiques et manquent de phosphates, par exemple :

Terre de Chéry..............	0gr24
Terre de Theix.................	0 86

S'il en est ainsi, la vigne de Nicolosi (Sicile), où M. de Gasparin a trouvé 6gr20 d'acide phosphorique par kilogramme de terre fine, serait d'une fertilité merveilleuse ; il est néanmoins assez vraisemblable que la fertilité réelle n'y est pas parfaite, et que des récoltes de céréales ou de fourrages y seraient fort médiocres.

Certains sols exceptionnellement productifs ne renferment pas beaucoup d'acide phosphorique. Dans une *terre noire* de Russie, on en a trouvé seulement 0gr57 par kilogramme : ce serait presque une terre *pauvre* de M. de Gasparin.

Dans un sol vierge prodigieusement fertile des bords du Rio Cupari (vallée de l'Amazone), Boussingault n'a trouvé par kilogramme que 0gr445 d'acide phosphorique.

Il est donc impossible d'admettre que la dose de ce dernier principe est la seule règle de fertilité; l'abondance d'acide phosphorique n'est avantageuse que si l'ensemble des conditions générales posées plus haut se trouve réalisé.

Néanmoins, si on se borne à considérer des terrains d'alluvions à caractères moyens, c'est-à-dire renfermant à la fois argile, sable, calcaire, humus, la loi de fertilité, proposée par M. de Gasparin, se vérifie le plus souvent : dans un sol à bonnes qualités physiques, où la potasse et la chaux manquent rarement, la richesse en produits phosphorés est une indication de fertilité, parce que le plus souvent l'azote a pu s'y fixer en quantité suffisante.

Richesse azotée. — M. Lawes a caractérisé la fertilité par la richesse en azote. Ceci exige évidemment que l'azote de la terre puisse y être utilisé pour la nutrition des récoltes. Ainsi, certains sols siliceux et tourbeux ont une richesse énorme en azote, 1 kilogramme de terre en renfermant jusqu'à 18 grammes; pourtant, la végétation n'en retire aucun profit. Faute de calcaire, la matière azotée ne peut subir l'action des microbes; elle demeure insoluble et l'azote reste immobilisé en pure perte.

Dans les sols suffisamment pourvus de calcaire, la nutrition azotée des récoltes est d'autant meilleure que la teneur azotée est plus forte, et le plus souvent alors la richesse naturelle en azote coïncide avec une richesse suffisante en acide phosphorique et potasse : la règle de Lawes s'applique alors fort bien.

Épaisseur. — M. Déhérain considère que l'une des conditions les plus caractéristiques de la fertilité naturelle est l'épaisseur de la couche de terre végétale qui se trouve à la disposition des racines. Cette couche comprend non seulement le sol actif atteint par les labours, mais aussi le sol vierge de même nature qui se trouve au-dessous, et le sous-sol perméable, de composition différente, qui repose sur la couche imperméable.

C'est qu'en effet dans un terrain perméable profond les racines végétales s'enfoncent très avant. D'après Orth, de Berlin, les longueurs atteintes par les racines pour des cultures réalisées dans des sables perméables ont été en général supérieures à 1 mètre. M. Müntz a trouvé des résultats analogues non moins nets :

	Profondeur atteinte par les racines.	
	ORTH.	MUNTZ.
Blé	1m09	1m50 et plus.
Orge	1,35	1,50
Seigle	1,23	»
Avoine	1,27	1,50
Maïs	1,00	»
Sarrazin	0,90	»
Chanvre	»	1,00
Trèfle	1,45	1,70
Luzerne	2,65	1,75 et plus.
Navet	1,13	»
Betterave	1,38	»
Carotte	1,30	»
Pommes de terre	1,03	»

Ce n'est donc pas seulement dans la couche arable, profonde de 20 à 30 centimètres, que les racines puisent leur nourriture, c'est dans le sol et le sous-sol tout entier à une profondeur au moins égale à 1 mètre.

Toute l'épaisseur des couches perméables supérieures collabore à la nutrition végétale.

Au contraire, dans une terre peu épaisse, où à 30 centimètres, par exemple, on rencontre une assise imperméable de calcaire, d'argile ou de grès, les racines vont heurter cet obstacle, et, ne pouvant le franchir, sont obligées de ramper sur le fond; elles s'accumulent dans cette unique couche de 30 centimètres qui demeure seule chargée de les nourrir.

Pour apprécier la valeur nutritive d'une terre végétale, on ne peut donc se contenter de connaître la richesse en azote, phosphore, chaux, potasse, de la couche arable; mais il faut aussi savoir la quantité totale de ces principes que toute l'épaisseur de la terre perméable met à la disposition des plantes. On conçoit dès lors que la puissance de la couche pourra en quelque manière suppléer à la pauvreté locale. Le plus souvent, une terre pauvre, mais épaisse, vaudra mieux qu'une terre riche en couche mince. Dans cette dernière, le système radiculaire se forme mal, et il demeure beaucoup plus sensible aux intempéries de la surface, aussi bien aux sécheresses qu'au froid et à l'humidité excessive.

Ceci explique fort bien les anomalies apparentes de fertilité qui ont été signalées plus haut.

Au Rio Cupari, l'épaisseur du sol atteint 1 à 2 mètres d'épaisseur. Les terres noires de Russie sont en couches très puissantes qui atteignent jusqu'à 6 mètres et ont rarement moins de 1 mètre. La dose totale de principes nutritifs y est énorme; d'après les évaluations de M. Déhérain, 1 hectare contient dans sa masse totale :

19,900 à 71,500 kilogrammes d'azote,
21,000 à 50,600 — d'acide phosphorique,
190,000 à 267,000 — de chaux,
(la teneur en potasse est également grande),

La couche supérieure, de 20 centimètres d'épaisseur, ne renferme par hectare que :

2,096 à 8,000	kilogrammes	d'azote,
2,200 à 6,200	—	d'acide phosphorique,
21,000 à 30,000	—	de chaux.

Or, une terre moyenne, pas très riche, prise sur la même épaisseur de 20 centimètres, contient par hectare environ :

4,000	kilogrammes	d'azote,
2,000 à 4,000	—	d'acide phosphorique,

c'est-à-dire plus que certaines des terres noires, dont la fertilité est pourtant incomparablement supérieure. C'est que dans la terre noire très profonde, les racines profitent de cette épaisseur, où les matières nutritives se trouvent dans un état de dissémination favorable à leur assimilabilité.

L'épaisseur de la terre végétale est donc bien réellement un des facteurs les plus importants de la fertilité. Mais ce n'est évidemment pas le seul ; une épaisseur indéfinie de sol tout à fait infertile ne vaudrait guère mieux pour la culture qu'une couche mince.

Les opérations agricoles qui ont pour effet d'accroître la profondeur de la couche perméable du sol, augmentent habituellement sa fertilité. Ainsi, dans des terrains absolument improductifs où la roche dure n'était couverte que de quelques centimètres de sol arable, on a pu créer quelques champs de fertilité moyenne en transportant sur certains points la terre meuble recueillie sur tout le reste. Ce serait là le plus souvent une opération peu recommandable, dont le résultat même heureux ne pourrait compenser les frais énormes.

Le *défoncement* profond du sol fournit une solution beaucoup plus pratique, mais il faut qu'il soit pratiqué avec discernement; parfois, le mélange à la terre arable des matières très différentes qui viennent du sous-sol, peut rendre moins bonnes les qualités physiques du champ défoncé.

La fertilité n'est pas une notion absolue. — La fertilité ne peut donc être définie exactement au moyen d'une caractéristique unique; elle ne pourrait l'être que par un ensemble de caractères. La fertilité relative d'une terre dépendra évidemment de ses qualités physiques et de sa nature chimique; mais elle dépendra aussi des conditions climatériques et de la nature des cultures qu'on y poursuit, le choix de ces dernières étant réglé dans une certaine mesure par la constitution physique du sol qui doit les nourrir. Le froment ne pourra en général être cultivé avec avantages que dans une terre présentant une ténacité suffisante, due le plus souvent à une proportion notable d'argile. Dans les sols plus sablonneux, l'orge et surtout le seigle se développent mieux. L'abondance du gravier et des cailloux dans la terre végétale est habituellement défavorable à la végétation des racines, et quand cette abondance est très marquée, la plupart des cultures donnent des rendements déplorables; au contraire, la vigne s'adapte fort bien à ce genre de sols, infertiles d'une manière générale, fréquemment très fertiles pour elle.

CHAPITRE IX.

PRINCIPES FERTILISANTS ENLEVÉS PAR LES DIVERSES RÉCOLTES.

Nous avons essayé dans le chapitre précédent de définir la fertilité de la terre. Que deviendra la fertilité, si on soumet un champ à une culture continue pratiquée sans le secours d'aucun engrais ? Il est certain que chaque récolte enlevée emporte une partie des principes nutritifs, azote, phosphore, potasse, chaux, soufre, qui existaient dans la terre végétale. D'ailleurs, à ces causes *utiles* d'appauvrissement viennent s'ajouter d'autres causes naturelles de déperdition, comme le drainage, qui, dans certaines conditions culturales très fréquentes, soustrait au sol des doses importantes d'azote nitrique et de chaux.

La richesse de la terre en matières nutritives ira donc toujours en s'abaissant et la fertilité doit visiblement subir une décroissance corrélative. Dans quelle mesure cet affaiblissement se produira-t-il, et combien y a-t-il lieu de redouter l'épuisement complet de la terre ? C'est une question qu'il convient d'élucider soigneusement.

Pour cela, il faut mettre en regard d'un côté la richesse du sol telle que nous la révèle l'analyse chimique, de l'autre les quantités de matières utiles emportées par les diverses récoltes.

Composition des récoltes. — Nous avons réuni dans un tableau d'ensemble un grand nombre de résultats analytiques qui indiquent la composition des principales récoltes : graines et pailles de céréales et légumineuses, racines et tubercules, fourrages, fruits, bois et feuilles d'arbres. Ces tables font connaître combien 1,000 kilogrammes de chaque matière contiennent d'azote, d'acide phosphorique, de potasse, de chaux. On y a joint, à titre de renseignement utile, la proportion d'eau qui figure dans chaque produit et la dose de cendres qu'il donne lorsqu'on le brûle. L'évaluation des quantités de soufre qui existent dans les plantes n'a été faite que rarement, et encore le plus souvent d'une manière incorrecte et incomplète en se bornant à la matière des cendres : aussi avons-nous laissé de côté les résultats qui s'y rapportent.

Composition moyenne des récoltes fraîches ou séchées au soleil.

D'APRÈS WOLFF ET DIVERS AUTRES OBSERVATEURS.

(Les doses sont rapportées à 1,000 kil. de chaque matière.)

	EAU	CENDRES	AZOTE	ACIDE phosphorique.	POTASSE	CHAUX
CÉRÉALES (Graines).						
Blé	143	17,7	20,8	8,2	5,5	0,6
Seigle	149	17,3	17,6	8,2	5,4	0,5
Orge	145	21,8	16,0	7,2	4,8	0,5
Avoine	140	26,4	17,9	5,5	4,2	1,0
Maïs	136	12,3	16,0	5,5	3,3	0,2
Riz non mondé	120	69,0	»	32,6	12,7	3,1
Millet id.	130	39,1	24,0	9,1	4,7	0,4
Sarrasin	141	»	17,2	6,1	4,5	1,0
Sorgho	140	16,0	»	8,1	4,2	0,2

	EAU	CENDRES	AZOTE	ACIDE phosphorique.	POTASSE	CHAUX
CÉRÉALES (Pailles).						
Blé	141	42,6	4,8	2,3	4,9	2,6
Seigle	154	40,7	4,0	1,9	7,6	3,1
Orge	140	43,9	4,8	1,9	9,3	3,3
Avoine	141	44,0	4,0	1,8	9,7	3,6
Maïs	140	47,2	4,8	3,8	16,6	5,0
Sarrasin	160	51,7	7,8	1,8	12,3	19,1
CÉRÉALES (Balles).						
Blé	138	92,5	7,2	4,0	8,4	1,9
Orge (barbes)	140	122,4	4,8	2,4	9,4	12,7
Avoine	143	79,0	6,4	0,2	10,4	7,0
Maïs (râfles)	115	5,0	2,3	0,2	2,4	0,2
RACINES ET TUBERCULES.						
Pomme de terre	750	9,4	3,2	1,8	5,6	0,2
Betteraves à sucre	816	8,0	1,6	1,1	4,0	0,5
Betteraves fourragères	883	8,0	1,8	0,8	4,3	0,4
Raves (turneps)	909	7,5	1,6	1,0	3,0	0,8
Choux-raves	877	9,5	2,5	1,4	4,9	0,9
Carottes	860	8,8	2,1	1,1	3,2	0,9
Topinambours	800	10,3	3,2	1,6	6,7	0,4
Navets	915	6,1	1,3	1,1	3,1	0,8
FEUILLES ET TIGES DES MÊMES PLANTES.						
Pommes de terre	770	11,8	5,0	1,0	3,0	5,5
Betteraves à sucre	897	18,0	3,0	1,3	4,0	3,6
Betteraves fourragères	907	14,8	3,0	0,8	4,3	1,7
Raves (turneps)	898	14,0	3,0	1,3	3,2	4,5
Choux-raves	850	25,3	3,5	2,6	3,6	8,4
Carottes	808	26,1	5,1	1,2	3,7	8,6
Topinambours (sèches)	»	»	4,3	0,7	4,1	9,1

	EAU	CENDRES	AZOTE	ACIDE phosphorique.	POTASSE	CHAUX
PLANTES INDUSTRIELLES. (Graines.)						
Lin	118	32,2	32,0	13,0	10,4	2,7
Colza	120	37,3	31,0	16,4	8,8	5,2
Chanvre	122	48,1	26,2	17,5	9,7	11,3
Pavot (œillette)	147	52,2	28,0	16,4	7,1	18,5
Moutarde	120	37,8	»	14,7	6,0	7,1
PLANTES INDUSTRIELLES. (Pailles ou feuilles.)						
Lin (paille)	140	31,9	4,8	4,3	11,8	8,3
Lin (plante entière)	250	32,3	»	4,7	11,3	5,0
Lin (filasse)	100	6,0	0,0	0,7	0,2	3,8
Chanvre (plante)	300	28,2	»	3,3	5,2	12,1
Colza (paille)	170	38,0	3,0	2,7	9,7	10,1
Pavots (paille)	160	66,0	»	2,3	25,1	19,9
Houblon (plante)	250	74,0	»	9,0	19,4	11,8
Houblon (cônes)	120	59,8	»	9,0	22,3	10,1
Tabac	180	197,5	»	7,1	54,1	73,1
LÉGUMINEUSES COMESTIBLES. (Graines et pailles.)						
Haricots	»	»	41,5	9,4	14,0	2,0
Pois	138	24,2	35,8	8,8	9,8	1,2
Fèves de jardin	148	26,1	»	7,9	11,5	2,0
Lentilles	134	17,8	44,7	5,2	7,7	0,9
Lupins	138	34,0	60,0	8,7	11,4	2,7
Pois (paille)	143	49,2	10,4	3,8	10,7	18,6
Fèves (paille)	150	51,5	»	4,1	19,1	14,1
Lentilles (paille)	»	»	10,1	4,8	5,2	20,0
FOURRAGES VERTS.						
Trèfle rouge	800	13,4	5,9	1,3	4,6	4,6
Trèfle blanc	810	13,6	5,6	2,0	2,4	4,3
Luzerne	753	17,6	7,2	1,5	4,5	8,5

	EAU	CENDRES	AZOTE	ACIDE phosphorique.	POTASSE	CHAUX
Esparcette	785	11,6	5,1	1,2	4,6	3,7
Vesces	820	15,7	4,8	2,0	6,6	4,1
Pois	815	13,7	5,1	1,8	5,6	3,9
Avoine (en fleur)	770	16,6	3,8	1,4	6,5	1,1
Seigle	700	16,3	4,3	2,4	6,3	1,2
Orge (en fleur)	680	22,5	3,6	2,2	5,9	1,4
Maïs fourrage	852	8,2	2,8	0,7	3,2	1,2
Sarrasin	828	17,6	5,1	1,1	4,3	6,6
Ray-grass	700	21,3	5,7	1,7	5,3	1,6
Herbe de pré (en fleur)	700	23,3	4,4	1,5	6,0	2,7
Choux fourrages	»	»	2,1	1,8	3,8	2,0
FOURRAGES SECS.						
Trèfle rouge	160	56,5	20,0	5,6	19,5	19,2
Trèfle blanc	160	60,3	20,8	8,5	10,6	19,4
Luzerne	160	60,0	20,0	5,1	15,2	28,8
Esparcette	160	45,3	18,0	4,7	17,9	14,6
Vesces	160	73,4	22,7	6,2	20,0	19,3
Avoine	145	61,8	»	5,1	24,1	4,1
Foin de prairie	144	66,6	13,1	4,1	17,1	7,7
FRUITS DIVERS ET PRODUITS DES FRUITS.						
Fraises	870	»	1,9	0,5	0,9	0,6
Pommes	840	2,7	2,1	0,4	1,0	0,1
Poires	800	4,1	2,2	0,6	2,2	0,3
Cerises	780	4,3	»	0,7	2,2	0,3
Prunes	820	4,0	3,7	0,6	2,4	0,2
Marrons frais	492	12,0	6,9	2,7	7,1	1,4
Glands de chêne	560	9,6	4,2	1,6	6,2	0,7
Pépins de raisins	120	24,7	»	5,9	7,1	8,4
Peaux de raisins	600	16,2	»	3,4	8,0	2,1
Marcs de raisins	650	16,1	10,0	2,5	8,6	2.5
Vin	866	2,8	0,2	0,5	1,8	0,2
Hêtre	550	30,5	»	1,3	1,6	13,7

	EAU	CENDRES	AZOTE	ACIDE phosphorique.	POTASSE	CHAUX
ARBRES ET ARBUSTES DIVERS. (Bois séchés à l'air.)						
Bouleau	150	2,6	»	0,2	0,3	1,5
Chêne (tronc)	150	5,1	6,0	0,3	0,5	3,7
Id. (branches)	150	10,2	»	0,9	2,0	5,5
Hêtre (tronc)	150	5,5	»	0,3	0,9	3,1
Id. (branches)	150	12,3	»	1,5	1,7	5,9
Pin sylvestre	150	2,6	6,0	0,2	0,3	1,3
Mélèze	150	2,7	»	0,1	0,4	0,7
Sapin	150	2,1	»	0,1	0,1	1,0
Marronnier (branches)	150	28,1	»	5,9	5,5	14,3
Mûrier	150	13,7	»	0,3	0,9	7,8
Noyer	150	25,5	»	3,1	3,9	14,2
Pommier	150	11,0	»	0,5	1,3	7,8
Olivier	150	»	4,0	1,0	3,5	5,0
Vigne (rameaux)	150	23,4	»	3,0	7,0	8,7
Bruyères	200	36,1	10,0	1,8	4,8	6,8
Genêts à balais	160	18,9	»	1,6	6.9	3,2
Fougères	160	58,9	»	5,7	25,2	8,3
Prêles	140	204,4	»	4,1	27,0	25,6
Roseaux	180	38,5	»	0,8	3,3	2,3
Joncs	140	45,6	»	2,9	16,7	4,3
Varechs	180	11,8	»	3,7	17,1	16,4
ÉCORCES SÈCHES.						
Bouleau	150	11,3	»	0,8	0,4	5,2
Pin sylvestre	150	17,1	»	1,4	0,5	7,5
Sapin	150	23,9	»	0,6	1,3	14,9
Marronnier	150	55,9	»	3,9	13,5	34,3
Noyer	150	54,4	»	3,2	6,3	38,1
Chêne	150	»	6,0	0,5	7,0	25,0
FEUILLES FRAICHES. (Automne.)						
Chêne	600	19,6	»	1,6	0,7	9,5
Id. (sèches)	150	41,7	8,0	3,5	1,5	20,2

	EAU	CENDRES	AZOTE	ACIDE phosphorique.	POTASSE	CHAUX
Chêne (sèches)	150	57,4	8,0	2,4	3,0	25,8
Pin sylvestre	550	6,3	»	1,3	0,6	2,6
Id. (sèches)	160	11,8	5,0	1,9	1,2	4,9
Sapin	550	26,2	»	2,1	0,4	4,0
Id. (sèches)	160	48,9	5,0	4,0	0,7	7,4
Marronnier	600	30,1	»	2,5	5,9	12,2
Mûrier	670	»	15,2	2,4	7,3	9,6
Noyer	600	28,4	»	1,1	7,6	15,3
Pommier	600	»	2,1	0,3	0,1	0,1
Olivier	»	»	5,0	2,9	7,4	14,5
Vignes	600	»	8,0	1,6	2,8	24,0

Les nombres qui figurent dans ces tables n'ont pas une composition absolue et rigoureuse; les conditions de végétation exercent une influence assez grande sur la composition chimique des plantes.

Influence de la nature du sol sur la composition des récoltes. — D'ordinaire, un élément nutritif qui existe en abondance dans le sol se trouve aussi en quantité plus grande dans les végétaux issus de ce sol. Une terre humide, ou fréquemment irriguée, fournit des récoltes où la proportion d'eau est plus importante; au contraire, après une saison sèche, la dose relative de matières nutritives est plus grande.

Les terrains très riches en azote, ou ayant reçu des engrais azotés, fournissent des récoltes plus azotées et douées par cela même d'un pouvoir nutritif plus parfait : ainsi, dans une prairie de Rothamsted, irriguée avec une eau d'égoût fortement ammoniacale, le foin récolté renfermait 19 % d'azote, tandis que dans une parcelle identique non irriguée la teneur d'azote ne dépassait pas 13 %.

Les fourrages qui proviennent de prés riches en acide phosphorique, en contiennent davantage et conviennent bien mieux pour l'élevage du bétail.

Le tabac produit par des sols très potassiques retient jusqu'à 5 % de potasse, alors que dans les terres pauvres en cet élément il n'en renferme que 0,25 %, c'est-à-dire une dose vingt fois plus petite.

Les nombres inscrits dans les tableaux représentent seulement les moyennes habituelles obtenues dans des sols ordinaires.

Exigences annuelles des diverses cultures en principes fertilisants. — L'examen des tables qui précèdent serait peu instructif au point de vue de la puissance nutritive de la terre. Pour bien apprécier cette dernière, il faut faire intervenir le rendement des récoltes. Mais, de ce côté, on rencontre des écarts énormes allant du simple au double et même au delà. Pour fixer les idées, nous avons adopté des rendements moyens, tels qu'ils résultent de statistiques agricoles, et nous avons indiqué pour chacun d'eux les quantités de matières nutritives enlevées au sol d'un hectare par les récoltes. Le produit, qui est le but principal de la culture, grains pour les céréales, racines, vin, etc., sert de base au calcul ; mais il est également nécessaire de tenir compte des produits secondaires, paille, feuilles, marcs, etc. La proportion de ces produits au produit principal est très variable selon les conditions de culture et de climat, et nous avons dû adopter pour elle une moyenne.

Le tableau suivant réunit ces divers résultats. Les nombres inscrits dans la quatrième colonne expriment le poids moyen de produit secondaire obtenu par unité de mesure du produit principal : par exemple, pour le blé, la dose de paille produite en même temps que 1 hectolitre de grain est évaluée à 185 kilogrammes ; pour les betteraves fourragères, à 1 kilogramme de racines correspond en général 0k5 de feuilles.

Poids de matières nutritives enlevées en un an sur un hectare par les récoltes de diverses cultures.

CULTURE.	QUANTITÉS obtenues DU PRODUIT principal.	NATURE des PRODUITS.	Poids moyen de produit secondaire, obtenu par unité de mesure du produit principal.	AZOTE.	ACIDE PHOSPHORIQUE.	POTASSE.	CHAUX.
				kilog.	kilog.	kilog.	kilog.
Blé	15 hect.	Grains		24,9	9,8	6,6	0,7
		Paille	185 kil.	13,3	6,3	13,5	7,1
			Total...	38,2	16,1	20,1	7,8
Seigle	14 hect.	Grains		17,8	8,4	5,5	0,5
		Paille	180	10,1	6,3	20,2	9,1
			Total...	27,9	14,7	25,7	9,6
Orge	18 hect.	Grains		17,7	8,4	5,6	0,6
		Paille	112	9,5	3,8	18,7	6,6
			Total..	27,2	12,2	24,3	7,2
Avoine	20 hect.	Grains		18,4	5,3	4,0	1,0
		Paille	84	6,7	4,8	16,4	6,1
			Total...	25,1	10,1	20,4	7,1
Sarrasin	15 hect.	Grains		15,5	5,5	4,0	0,9
		Paille	80	9,4	2,2	14,8	22,9
			Total...	24,9	7,7	18,8	23,8

CULTURE.	QUANTITÉS obtenues DU PRODUIT principal.	NATURE des PRODUITS.	Poids moyen de produit secondaire, obtenu par unité de mesure du produit principal.	AZOTE.	ACIDE PHOSPHORIQUE.	POTASSE.	CHAUX.
				kilog.	kilog.	kilog.	kilog.
Maïs..........	14 hect.	Grains......		15,7	5,4	3,2	0,3
		Pailles......	80 kil.	5,4	4,3	18,6	5,6
		Râfles......	24	0,8	0,1	0,8	0,1
		Epis mâles frais[1].. .	160	6,7	1,6	7,2	2,7
			Total..	28,6	11,4	29,8	8,7
Haricots.......	16 hect.	Grains. ...		51,9	11,7	17,5	2,5
		Paille......	75	12,5	4,6	12,8	22,3
			Total...	64,4	16,3	30,3	24,8
Pois	18 hect.	Grains......		53,7	13,2	14,7	1,8
		Fanes..... ..	195	36,4	13,3	37,5	65,1
			Total...	90,1	26,5	52,2	66,9
Lentilles.....	15 hect.	Grains.... .		45,7	6,2	9,2	1,2
		Paille......	113	17,2	8,2	8,8	34,0
			Total ..	62,9	14,4	18,0	35,2
Colza (d'hiver).	30 hect.	Graines.....		63,2	33,4	17,9	10,6
		Paille..... .	107	16,0	8,6	31,0	32,3
		Siliques.....	53	13,6	5,8	9,1	54,1
			Total...	92,8	47,8	58,0	97,0

1. Enlevés par l'écimage et habituellement consommés à l'état frais par les animaux.

CULTURE.	QUANTITÉS obtenues DU PRODUIT principal.	NATURE des PRODUITS.	Poids moyen de produit secondaire, obtenu par unité de mesure du produit principal.	AZOTE.	ACIDE PHOSPHORIQUE.	POTASSE.	CHAUX.
				kilog.	kilog.	kilog.	kilog.
Pavot (œillette)	20 hect..	Graines.....		33,6	19,7	8,5	22,2
		Paille.....	150 k.	12,0	6,9	60,0	45,0
			Total...	45,6	26,6	68,5	67,2
Chanvre.......	12,500 k.	Total.......		»	43,7	65,0	152,0
		Filasse seule.		0,0	0,0	0,0	0,0
Lin..........	520 kil..	Graines.....		16,7	15,0	34,8	28,9
		Tiges.......	7 k.	16,6	6,8	5,4	1,4
			Total...	33,3	21,8	40,2	30,3
Tabac..	1,500 kil.	Feuilles. ...		75,0	6,7	27,2	112,8
Pommes de terre	18,000 k.	Tubercules..		57,6	32,4	100,8	3,6
		Fanes......	0 k. 23	21,0	4,2	12,6	21,0
			Total...	78,6	36,6	113,4	24,6
Topinambours.	25,000 k.	Tubercules..		94,5	32,8	203,5	5,7
		Fanes sèches.	0 k. 18	19,1	3,0	18,4	40,8
			Total...	113,6	35,8	221,9	46,5
Betteraves fourragères......	40,000 k.	Racines.....		72	32	172	16
		Feuilles....	0 k. 5.	60	16	86	34
			Total..	132	48	258	50

CULTURE.	QUANTITÉS obtenues DU PRODUIT principal.	NATURE des PRODUITS.	Poids moyen de produit secondaire, obtenu par unité de mesure du produit principal.	AZOTE.	ACIDE PHOSPHORIQUE.	POTASSE.	CHAUX.
				kilog.	kilog.	kilog.	kilog.
Betteraves sucrières......	30,000 k.	Racines....		48	33	120	15
		Feuilles.....	0 k. 4	36	12	48	43
			Total...	84	45	168	58
Seigle en vert..	20,000 k.	Herbe verte.		86	48	126	24
Maïs fourrage..	60,000 k.	Id.		170	42	192	72
Foin de prairie	6,000 k.	Foin sec...		78.6	21	96	46
Trèfle rouge...	8,000 k.	Id.		160	44,8	156	154
Luzerne.......	10,000 k.	Id.		200	51	152	288
Sainfoin.......	4,500 k.	Id.		81	21,2	80,6	66
Vesces........	4,000 k.	Id.		90.8	24,8	80,0	77,2
Vigne.........	20 hect.	Vin.........		0,4	0,6	2,0	0,4
		Marcs......	15 k.	3,0	0.9	1.5	1,5
		Feuilles....	300 k.	48,0	9.6	16,8	144
		Sarments...	300 k.	12,0	2,4	18	31
			Total...	63.4	13,5	38,3	177
Idem.........	120 hect. M. Marès.	Vin.........		2.4	4.9	12,0	»
		Marcs......	14 k.	15.4	2,7	7.8	»
		Sarments...	26 k.	3,4	2.9	5,0	»
		Total (sans feuilles).		21 2	10,5	24,8	»
Oliviers (150 à l'hect.)	2,700 k. d'olives.	Huile.......		0,0	0,0	0.0	»
		Marcs......		7.4	3.45	9,7	»
		Branches...	0 k. 5	3,0	0.75	2.7	»
		Feuilles.....	0 k. 27.	6,7	3,9	10,1	»
			Total...	17,1	8,1	22,5	»

CULTURE.	QUANTITÉS obtenues DU PRODUIT principal.	NATURE des PRODUITS.	Poids moyen de produit secondaire, obtenu par unité de mesure du produit principal.	AZOTE.	ACIDE PHOSPHORIQUE.	POTASSE.	CHAUX.
				kilog.	kilog.	kilog.	kilog.
Pins de 100 ans.	3,230 k.	Bois sec.....		20,0	1.1	2,6	10,0
	3,190 k.	Feuilles....		9,0	3,7	4,9	19,0
			Total...	29,0	4,8	7,5	29,0
Hêtres de 20 ans.	3,160 k.	Bois.... ...		24,0	2,9	4,7	14,4
	3,330 k.	Feuilles.. ..		26,0	10,4	9,8	81,9
			Total...	50,0	13,3	14,5	96,3

Ce tableau nous révèle de très grandes inégalités entre les besoins nutritifs des diverses récoltes : ces inégalités résultent à la fois de la quantité absolue des matières produites et des différences de composition de ces matières.

Les poids des récoltes obtenues sur 1 hectare varient énormément selon leur nature. La culture du blé, qui fournit moyennement en France 15 hectolitres pesant environ 1,200 kilogrammes, produit à peu près 2,700 kilogrammes de paille, ce qui conduit, pour le poids total de matière récoltée, à 3,900 kilogrammes. Notons en passant que certains sols, cultivés convenablement, peuvent arriver à porter plus du double, soit une masse totale de 10,000 kilogrammes (paille et grain).

Le foin de prairie donne un rendement un peu plus élevé, que nous avons évalué dans le tableau à 6,000 kilogrammes.

A côté de ces quantités relativement petites, nous voyons les betteraves fourragères donner, pour l'ensemble (racines et feuilles), des récoltes de 60,000 kilogrammes et plus. Le maïs fourrage fournit fréquemment ce même poids d'herbe verte, et, dans certains cas, atteint le double, c'est-à-dire le poids énorme de 120,000 kilogrammes.

Les variations présentées par une même culture sont parfois excessives : ainsi, la production de la vigne varie de quelques hectolitres à 200 et même 300 hectolitres par hectare. Il faudra nécessairement tenir compte de ces écarts quand on voudra, dans un cas particulier, apprécier ses exigences nutritives.

Inégalité de répartition des principes nutritifs dans les diverses récoltes. — Nous trouvons aussi des différences notables dans la répartition des divers principes nutritifs, certaines récoltes étant plus spécialement riches en azote, d'autres en acide phosphorique, en potasse ou en chaux. Lorsque, dans le tableau précédent, on compare les poids des éléments fertilisants contenus dans les récoltes totales, on s'aperçoit que le plus souvent c'est l'acide phosphorique qui y figure sous la masse la plus petite. Si pour chaque culture on prend pour unité cette dose d'acide phosphorique, on trouvera donc que les autres principes, azote, potasse, chaux, s'y trouvent dans une proportion généralement supérieure à l'unité. Ce sont ces proportions qui sont indiquées dans le tableau suivant :

Rapport des éléments fertilisants qui entrent dans une récolte moyenne de diverses cultures.

(La dose d'acide phosphorique qui s'y trouve est prise pour unité).

CULTURE.	ENSEMBLE DES PRODUITS constituant LA RÉCOLTE.	AZOTE.	POTASSE.	CHAUX.
Blé	Grains et paille.	2,4	1,2	0,5
Seigle	Id.	1,9	1,7	0,6
Orge	Id.	2,2	2,0	0,6
Avoine	Id.	2,5	2,0	0,7
Sarrasin	Id.	3,2	2,4	3,1
Maïs	Grains, paille, râfles, crôtes.	2,5	2,7	0,7
Haricots	Grains et paille.	4,0	1,9	1,5
Pois	Id.	3,4	2,0	2,5
Lentilles	Id.	4,3	1,2	2,4
Colza	Graines, paille, siliques.	1,9	1,2	2,0
Œillette	Graines et paille.	1,7	2,6	2,5
Chanvre	Id.	»	1,5	3,4
Lin	Id.	1,5	1,8	1,4
Pommes de terre	Tubercules et fanes.	3,1	6,1	1,3
Betteraves *fourragères*.	Racines et feuilles.	2,7	5,3	1,0
Betteraves à sucre	Id.	1,9	3,7	1,3
Seigle en vert	....	1,7	2,6	0,5
Maïs fourrage	....	4,0	4,5	1,6
Foin de pré	....	3,8	4,6	2,2
Trèfle rouge	....	3,5	3,4	3,4
Luzerne	....	4,0	3,0	5,6
Sainfoin	....	3,8	3,8	3,0
Vesces	....	3,6	3,2	3,1
Vigne	Vin, marc, feuilles, sarments.	4,7	3,0	13,0
Pins	Bois et feuilles.	6,0	1,5	6,0
Hêtres	Id.	3,9	1,1	7 2

Les récoltes qui, proportionnellement, exigent le moins de potasse, de chaux, d'azote, et par conséquent *demandent le plus d'acide phosphorique*, sont le lin, le colza, et aussi les céréales, blé, orge, seigle, avoine.

Certaines accusent des exigences considérables en potasse : ce sont les pommes de terre, les betteraves, les cultures fourragères proprement dites, la vigne.

La *chaux* est fixée plus spécialement par les cultures arbustives, y compris la vigne, par les légumineuses en général, par le chanvre et le sarrasin.

Quant à l'*azote*, il est toujours assez abondant ; mais il l'est principalement dans les plantes qui paraissent favoriser sa fixation directe par les microbes spéciaux de la terre végétale, c'est-à-dire les légumineuses.

Ces indications spéciales sont très importantes, et il ne faudra jamais les perdre de vue dans la pratique particulière des diverses cultures.

D'après ce qui précède, les cultures exigent des quantités fort variables de principes nutritifs : certaines demandent peu, par exemple la culture forestière. Une forêt de pins de cent ans ne demande au sol chaque année que :

29	kilogrammes	d'azote,
4,8	—	d'acide phosphorique,
7,5	—	de potasse,
29	—	de chaux,

et encore le plus souvent une part importante de ces matières, accumulées dans les aiguilles de pin et dans les menues branches, retourne au sol dont elle enrichit la surface.

Ces doses sont fort petites, si nous les comparons aux prélèvements de la *luzerne*, dont les diverses coupes emportent par hectare (pour une production de 10,000 kilogrammes de foin) :

200	kilogrammes	d'azote,
57	—	d'acide phosphorique,
150	—	de potasse,
290	—	de chaux.

Ces nombres sont fréquemment dépassés, le rendement des luzernes pouvant, dans certaines conditions, s'élever au-dessus de 15,000 kilogrammes. Les exigences nutritives de la luzerne sont décuples de celles de la forêt de pins, et ici l'exportation est totale.

Les betteraves, principalement les betteraves fourragères, réclament beaucoup à la terre. La vigne, au contraire, est assez peu exigeante ; pour fournir 120 hectolitres de vin, elle n'a demandé que :

21 kilogrammes d'azote,
11 — d'acide phosphorique,
25 — de potasse.

Les feuilles, il est vrai, ne sont pas comprises dans cette évaluation, mais le plus souvent elles ne sont pas exportées, et la majeure partie de leur substance revient à la terre.

Les céréales ont des exigences moyennes ; une récolte de 15 hectolitres de froment avec sa paille enlève seulement :

25 kilogrammes d'azote,
16 — d'acide phosphorique,
20 — de potasse,
8 — de chaux.

Les récoltes abondantes peuvent prélever une dose double de matières nutritives, ce qui demeure encore bien au-dessous des quantités fixées par la luzerne.

CHAPITRE X.

CULTURE CONTINUE. — ÉPUISEMENT DU SOL PAR LA CULTURE. — ASSOLEMENTS.

Culture continue sans engrais. — Les terres de fertilité moyenne contiennent par kilogramme au moins :

$0^{gr}5$ d'azote,
$0^{gr}5$ d'acide phosphorique,
1 gramme de potasse,
5 grammes de chaux.

Pour nous placer dans des conditions défavorables à la fertilité, supposons que la couche végétale se borne à une épaisseur de 30 centimètres présentant la richesse minima indiquée ci-dessus. La couche répartie sur 1 hectare pèsera environ 6,000,000 de kilogrammes et renfermera au total :

3,000 kilogrammes d'azote,
3,000 — d'acide phosphorique,
6,000 — de potasse,
30,000 — de chaux.

Culture continue de betteraves. — Sur ce champ, cultivons des betteraves fourragères, nous obtiendrons, par exemple, une récolte de 20,000 kilogrammes de racines, qui, feuilles comprises, enlève à la terre :

66	kilogrammes	d'azote,
24	—	d'acide phosphorique,
129	—	de potasse,
25	—	de chaux.

Ces quantités sont bien faibles si on les compare au stock des principes fertilisants contenus dans la couche de terre végétale. En supposant négligeable toute autre cause de déperdition de ces principes, ce stock devrait suffire à assurer l'alimentation d'une récolte identique pendant une longue série d'années :

45	ans	pour l'azote,
125	—	pour l'acide phosphorique,
47	—	pour la potasse,
1200	—	pour la chaux.

En réalité, dans la pratique, il n'en est rien. Si on poursuit sur ce champ, sans addition d'engrais, la culture annuelle de la betterave, on verra les récoltes décroître rapidement et s'abaisser promptement jusqu'à un taux dérisoire. Il en serait de même pour toutes les racines fourragères. MM. Lawes et Gilbert, à Rothamsted, l'ont constaté d'une manière frappante par la culture continue des raves.

Le champ donna successivement :

1re année	....	10,516 kilogrammes.
2e —	....	5,555 —
3e —	....	1,722 —
4e —	....	à peu près rien.

Cette stérilité pratique semble incompatible avec les indications de l'analyse chimique. La dose totale de principes fertilisants emportés par les quatre récoltes ne dépassait pas :

68 kilogrammes d'azote,
34 — d'acide phosphorique,
80 — de potasse,
50 — de chaux.

Ce prélèvement, qui semble avoir épuisé la fertilité de la terre, est cependant bien faible relativement aux quantités de matières nutritives qui s'y trouvaient contenues.

Causes de l'inaptitude du sol à une culture continue. — C'est que d'ordinaire les substances fertilisantes que renferme le sol ne sont pas immédiatement assimilables par les racines; elles ne le deviennent que progressivement. En réalité, dans le champ de raves de Rothamsted, ce n'était pas une provision de 3,000 kilogrammes d'azote, de 3,000 kilogrammes d'acide phosphorique, etc., qui était à la disposition des plantes, mais une dose bien plus petite, telle, par exemple, que 50 kilogrammes d'azote, 30 d'acide phosphorique. Grâce à cette réserve immédiatement disponible, qui se trouve surtout fixée sur les particules terreuses, on obtient une première récolte avantageuse qui en emporte la majeure partie. Pour la récolte de l'année suivante, la nutrition deviendra beaucoup plus difficile; elle devra, à peu de chose près, se contenter du revenu annuel du capital de fertilité enfoui dans le sol : elle sera médiocre. Aussi, les surfaces absorbantes des racines y seront beaucoup moins nombreuses, et, par suite, le travail de transformation des substances nutritives en matières assimilables deviendra bien plus lent. Après une période de décroissance rapide, le rendement, devenu insignifiant, cessera d'être rémunérateur : la culture des raves sans engrais ne redeviendra possible que lorsque la terre aura reformé la provision de matières nutritives qu'elle possédait tout d'abord.

Il n'en serait plus de même dans un sol très fertile, où les récoltes pourraient, sans diminution apparente, se succéder pendant une longue série d'années.

Du reste, pour la terre de fertilité moyenne que nous considérions, toutes les cultures ne déclineraient pas de la même manière : quelques-unes se maintiendraient sans affaiblissement notable. La raison de ces différences est bien facile à comprendre. La terre cultivable contient toujours une dose plus ou moins importante de matières nutritives : azote, potasse, phosphore, chaux. Le sol des champs peut être comparé à une mine de principes fertilisants, mine plus ou moins riche selon sa nature, plus ou moins puissante suivant l'épaisseur de la couche perméable qui peut nourrir les racines. Une faible portion de cette réserve est assimilable, c'est-à-dire utilisable pour la nutrition végétale : *la récolte fournie par le sol est en quelque manière proportionnelle à cette quantité d'aliments disponibles;* elle sera abondante s'il y en a beaucoup, faible s'il y en a peu.

La première récolte étant enlevée, une nouvelle quantité de matières assimilables est fournie à la récolte nouvelle. Si cette dose ainsi devenue disponible chaque année *dans la couche totale occupée par les racines* ne surpasse pas les besoins de la récolte, il y aura insuffisance d'alimentation et, par suite, *abaissement de la récolte*. Ceci se produira d'autant plus que la terre *sera moins fertile* et *que la culture sera plus exigeante, et aussi plus inhabile à exploiter pour son compte les richesses nutritives du sol*. Tout dépendra donc de deux facteurs bien distincts : la fertilité du sol et les besoins spéciaux de chaque culture.

On a vu précédemment qu'à Rothamsted la récolte des raves n'avait pu être poursuivie pendant plus de trois années; c'est que les exigences de cette culture sont relativement grandes et ont promptement épuisé les doses d'acide phosphorique, de potasse, d'azote, disponibles dans une terre végétale de qualité moyenne. Dans un sol très fertile, il en serait autrement, et la culture pourrait être maintenue, sinon pendant une période indéfinie, du moins pendant une assez longue série d'années.

Culture continue du blé. — Les récoltes de céréales étant moins exigeantes que celles de racines, on peut prévoir qu'elles se prêteront plus aisément à une culture continue. MM. Lawes et Gilbert ont pu, à Rothamsted, cultiver le blé *sans engrais* sur un même champ pendant plus de quarante années. Il est évident, d'après ce qui a été dit plus haut, que le rendement doit aller en diminuant, mais la décroissance n'est pas bien rapide ; la récolte moyenne qui, au début des observations, était voisine de 15 hectolitres par hectare, a diminué chaque année de 12 à 9 litres en moyenne. Il a donc fallu une période de dix ans pour abaisser la production de 1 hectolitre. Après cinquante années, elle serait encore de 10 hectolitres. Ces résultats nous montrent bien avec quelle prudence il faut accueillir les prévisions de certains économistes au sujet de l'épuisement prochain des terres vierges d'Amérique, où la culture des céréales est pratiquée sans aucun engrais dans des conditions très avantageuses d'exploitation. En adoptant pour la production actuelle de ces terres la moyenne de 11 hectolitres de blé par hectare (indiquée par M. Grandeau), on voit qu'il faudrait plus de trente années pour abaisser le rendement à 8 hectolitres, ce qui serait encore rémunérateur pour des cultures aussi étendues.

Cas de sols très fertiles. — Sur des champs très fertiles, comme les terres noires de Russie, les récoltes de blé peuvent se succéder très longtemps sans décroissance sensible. Boussingault a observé, sur les plateaux des Andes, certains sols où depuis plus de deux siècles se succèdent sans interruption de bonnes récoltes de céréales.

Sur une grande partie de la côte du Pérou, le maïs, culture plus épuisante que le froment, est obtenu chaque année avec avantage depuis une époque certainement antérieure à la découverte de l'Amérique : il y a donc plus de quatre cents ans. Mais ce sont là des sols exceptionnellement fertiles, d'ordinaire très profonds, qui offrent aux récoltes beaucoup plus d'éléments nutritifs qu'elles n'en exigent.

Cultures permanentes. — Les cultures arbustives, vignes, arbres fruitiers, forêts, demandent à la terre moins encore que les céréales, et leurs exigences réelles sont d'autant plus faibles que leurs racines, plus longues et plus développées, sont plus capables d'utiliser les matières fertilisantes contenues dans les profondeurs du sol. On n'ignore pas que les bois, même soumis à une exploitation régulière, se maintiennent indéfiniment sans le secours d'aucune fumure. Quant à la vigne, il ne manque pas d'exemples de cultures pratiquées sans engrais pendant de longues années sur des terres peu fertiles ; le rendement, d'ailleurs assez médiocre, se maintient à peu près constant.

Légumineuses fourragères. — Les récoltes fourragères demandent au sol des quantités importantes de principes nutritifs ; les légumineuses fourragères, trèfle, sainfoin, luzerne, sont, excepté pour l'azote qu'elles contribuent à fixer sur la terre, des cultures extrêmement exigeantes. Aussi n'est-il pas possible de les maintenir d'une manière continue sur un même sol, même fertile. La luzerne, qui occupe parfois la terre pendant une dizaine d'années, refuserait d'y végéter de nouveau pendant une assez longue période. De même, le trèfle ne peut vivre sur le sol qu'il a occupé, et ce n'est que dans une terre de jardin, de qualités tout à fait exceptionnelles, que MM. Lawes et

Gilbert ont pu cultiver du trèfle pendant une longue suite d'années.

Prairies naturelles. — Il semble que certaines cultures fourragères, bien que fort exigeantes en principes nutritifs (même en azote), soient peu épuisantes pour le sol : ce sont les *prairies naturelles*, caractérisées par une végétation multiple, où abondent les graminées, mais où figurent aussi quelques légumineuses. Très souvent des prairies, qui ne reçoivent aucun engrais, fournissent néanmoins des récoltes abondantes, exportant annuellement par hectare :

80	kilogrammes	d'azote,
21	—	d'acide phosphorique,
96	—	de potasse,
46	—	de chaux.

Ces récoltes se maintiennent pour ainsi dire indéfiniment. C'est que ces prairies durables reçoivent en réalité un engrais naturel abondant, soit par les eaux d'irrigation, soit par les eaux souterraines qui occupent le sous-sol. L'eau fournie à la prairie en grande quantité, lui apporte de la chaux, de l'azote, et même de petites doses de potasse et d'acide phosphorique. Si, pour l'irrigation, on se servait d'eau de source profonde, la prairie serait plus promptement en voie d'épuisement.

Il faut noter en outre quelques conditions particulièrement favorables à la nutrition des prairies artificielles : les plantes y sont très serrées, et leurs racines constituent un réseau épais qui occupe toute la couche terreuse, et agit sur ses particules avec une activité extrême, en utilisant bien leurs substances minérales, et le plus souvent en favorisant la fixation de l'azote atmosphérique. En outre, la végétation dure toute l'année, qui est entièrement mise à profit pour le travail d'assimilation.

Culture continue avec l'aide des engrais. — Ainsi, dans les terres ordinaires, on ne pourra habituellement sans engrais, obtenir consécutivement des récoltes toujours identiques : généralement, la quantité récoltée baissera plus ou moins vite, signe de l'épuisement temporaire du sol. Pour le trèfle, pour les raves, la décroissance va très vite. Pour le blé, elle est beaucoup moins rapide. Pour la vigne, elle ne se manifeste qu'à la longue.

Le secours des engrais permet-il de réaliser dans tous les cas ces cultures consécutives? Est-il toujours possible, par des additions convenables de matières nutritives, d'empêcher l'épuisement, et de conserver le sol dans un état capable *de reproduire chaque année avec la même vigueur, la même récolte?*

En réalité, la chose est possible, mais seulement à condition que les principes nutritifs que l'on fournit à la terre lui soient distribués d'une manière convenable pour la culture dont il s'agit : ce sera réalisable pour les récoltes où les racines sont peu éloignées de la surface du sol; ce sera, au contraire, difficile, sinon impraticable pour les cultures à racines profondes.

Les plantes présentent à cet égard de grandes différences; nous avons déjà fait observer que les racines s'enfoncent à des profondeurs très variables; en outre, certains végétaux développent le chevelu de leurs radicelles, principalement dans les couches superficielles du sol, et par suite c'est surtout à ces couches qu'elles demandent leur nourriture; telles sont les céréales et aussi l'herbe des prairies.

Pour les autres, au contraire, le chevelu des radicelles est plus abondant dans les profondeurs de la terre qu'au voisinage de sa surface; telles sont les plantes à racines pivotantes, telles que les légumineuses fourragères, trèfle, esparcette, luzerne; l'alimentation se fait plutôt par les couches profondes que par la surface.

Des recherches directes ont permis d'évaluer le poids des radicelles, et aussi leur surface active pour diverses cultures. Le tableau suivant, emprunté à MM. Müntz et Girard, réunit un certain nombre de résultats très importants; ils s'appliquent non pas à la totalité des racines, mais seulement aux radicelles du chevelu :

Poids et surfaces des radicelles par hectare.

RANG de LA COUCHE.	Épaisseur de la couche.	BLÉ.		AVOINE.		FOIN DE PRAIRIE.		LUZERNE.		TRÈFLE.	
		Poids.	Surface.	Poids.	Surface.	Poids.	Surface	Poids	Surface	Poids.	Surface
	m.	k.	mq.	k.	mq.	k.	mq.	k.	mq	k.	mq.
Première.. (sol actif.)	0.25	921	78.700	1.120	77.220	2.705	40.240	222	1.952	149	3.360
Deuxième.	0.25	292	15.000	178	6.400	120	18.048	56	496	425	26.080
Troisième.	0.25	248	14.700	230	15.580	70	10.576	93	846	230	14.144
Quatrième.	0.25	101	4.650	113	7.840	46	6.976	75	656	109	8.176
Cinquième.	0.25	110	5.050	11	770	3	400	213	1.872	35	2.200
Sixième...	0.25	»	»	»	»	»	»	114	1.008	»	»
TOTAL...	1.50	»	118.400	»	107.790	»	76.240	»	»	»	53.960

Comparons l'*avoine* au *trèfle*. Pour l'avoine, sur 107,800 mètres carrés de surface totale des radicelles, le sol actif en renferme 77,220, c'est-à-dire environ les trois quarts.

Pour le trèfle, au contraire, la couche de surface en

contient seulement 3,360 mètres carrés sur 54,000, soit seulement un seizième.

L'avoine vit donc principalement de la couche superficielle. Le trèfle vit surtout des couches profondes.

Ces circonstances étant connues, imaginons que sur un sol de fertilité moyenne, on institue une culture continue d'avoine ; l'épuisement de la première couche ne tardera pas à se manifester par une décroissance de la récolte, mais nous pourrons le combattre efficacement en restituant à cette couche des matières nutritives. Si elles sont solides, le labour en permettra la dissémination parfaite dans tout le sol actif : s'il s'agit d'engrais liquides ou solubles, comme les nitrates ou les sels ammoniacaux, un épandage de surface suffira pour en pénétrer la couche superficielle de terre. Ainsi, par l'emploi d'engrais convenables, nous pourrons reproduire indéfiniment de bonnes récoltes d'avoine, de blé, d'orge, de foin de prairie.

Supposons le même champ cultivé en trèfle : celui-ci se nourrit surtout aux dépens des deuxième, troisième, quatrième couches, presque pas aux dépens de la première; c'est donc à ces couches profondes qu'il faudrait restituer des éléments fertilisants pour empêcher l'épuisement de la terre. Mais ce n'est pas possible dans la pratique habituelle; car si l'engrais est solide et insoluble, le labour ne l'enfouit que dans la première couche. Les engrais solubles phosphoriques ou potassiques, seront arrêtés par les particules terreuses du sol actif. Il en serait de même des sels ammoniacaux; quant aux nitrates, ils pourraient, grâce à la pluie, pénétrer dans les profondeurs de la terre. Mais on sait que les engrais azotés sont ici d'un secours fort médiocre, puisque le trèfle peut aisément fixer l'azote atmosphérique par l'intermédiaire du sol. L'engrais minéral, seul utile, fera défaut aux couches nourricières. Aussi la culture du trèfle ne pourra être maintenue sur un même champ, malgré l'addition de fumures abondantes : c'est ce que l'expérience agricole a vérifié souvent.

A Rothamsted, l'usage d'engrais renforcés n'a pas permis, en général, de poursuivre la production continue du trèfle. Au contraire, pour le blé, l'addition d'engrais a maintenu une fertilité parfaite.

Pour le trèfle, ce résultat ne pourrait être atteint que par un défoncement énergique du sol, réalisant la pénétration des principes fertilisants jusqu'à une profondeur suffisante.

Pratique de la jachère. — Ces faits sont connus depuis longtemps. Les anciens avaient observé qu'un champ, soumis sans interruption à une même culture de céréales, fournit des rendements qui vont en diminuant, malgré l'emploi des fumures. C'est que le fumier de ferme, qu'ils employaient seul en quantité insuffisante, ne pouvait empêcher cet affaiblissement. Ils pensèrent que la diminution des récoltes était due à une fatigue de la terre, et, pour lui rendre ses forces, ils lui donnèrent le repos; c'est ainsi que prit naissance la *jachère alternante*. Après une récolte de froment, on laissait le champ inactif et, durant une année entière, on le labourait et on lui distribuait du fumier.

Pendant cette période, où le sol est vide et soigneusement nettoyé de toutes les herbes inutiles, des principes nutritifs deviennent assimilables, mais n'étant pas consommés, ils s'accumulent en majeure partie sur les particules terreuses; la fertilité réelle pour la récolte de l'année suivante en est accrue, sinon doublée.

Des assolements. — Cette pratique put être avantageuse quand le sol était sans valeur, c'est-à-dire dans les régions peu habitées. Mais quand le sol devint cher, on ne tarda pas à trouver insuffisantes ces récoltes biennales qui d'ailleurs n'étaient pas doubles de la récolte annuelle. On parvint à reconnaître qu'on peut sans inconvénient supprimer le repos de la terre, à condition de changer chaque année la culture qu'on lui confie. Ainsi Pline recommanda comme excellente la succession suivante : froment, orge, navets.

La jachère fut délaissée, mais on y revint en quelque manière. Charlemagne prescrit d'appliquer aux terres royales l'ordre qui suit : froment, avoine, jachère.

Au seizième siècle, les légumineuses fourragères furent introduites dans ces rotations de culture, et les agronomes appliquèrent leurs efforts à rechercher par l'expérience quel ordre était le plus avantageux, quelle longueur de période était la meilleure. Cette succession, qu'on nomme *l'assolement*, fut dans chaque région établie par l'usage; aussi la variété des assolements est-elle pour ainsi dire indéfinie.

Nous trouvons dans les divers pays des assolements très différents, depuis les assolements biennaux, encore très usités pour des terrains très fertiles, jusqu'aux assolements qui comprennent dix-huit années, et même davantage, et où figurent les cultures forestières. Nous donnons ci-dessous plusieurs exemples de ces assolements, que nous ne pouvons nous arrêter à commenter un à un.

Exemples d'assolements usités.

DURÉE de la ROTATION.	ASSOLEMENTS à JACHÈRES.	ASSOLEMENTS à PLANTES SARCLÉES. (1)	ASSOLEMENTS à plantes améliorantes. (1)	ASSOLEMENTS MIXTES. (1)
2 ans.	Jachère (fumée). Froment.	*Betteraves* (fumées). Froment.	»	»
Id.	»	*Tabac.* Froment.	»	»
Id.	»	*Maïs.* Froment.	»	»
3 ans.	Jachère (fumée). Froment. Avoine.	*Betteraves* (fumées). Froment. *Colza.*	TRÈFLE. Froment. Avoine.	Jachère. *Maïs.* Froment.
Id.	Jachère (fumée). Seigle. Sarrazin.	*Betteraves* ou *Pommes de terre* (fumées). Céréales en vert. Céréales d'hiver.	»	Jachère. Froment. *Maïs.*
Id.	»	»	»	TRÈFLE. Froment. *Maïs.*
4 ans.	Jachère. Froment. Jachère. Avoine.	*Maïs* (fumé). Froment. *Chanvre.* Froment.	»	*Betteraves.* Froment. TRÈFLE. Froment.

1. Les plantes sarclées figurent dans ce tableau en caractères *italiques*. Les plantes améliorantes sont inscrites en lettres capitales.

DURÉE de la ROTATION.	ASSOLEMENTS à JACHÈRES.	ASSOLEMENTS à PLANTES SARCLÉES.	ASSOLEMENTS à plantes améliorantes.	ASSOLEMENTS MIXTES.
5 ans.	»	»	Froment. TRÈFLE. id. Froment. Avoine.	*Betteraves* ou *Pommes de terre.* Froment. TRÈFLE. Froment. Avoine.
Id.	»	»	»	Jachère (fumée). Froment. TRÈFLE. Froment. *Maïs.*
6 ans.	»	»	Avoine (fumée). Froment. SAINFOIN. id. Froment. Avoine.	Jachère. Seigle. GENÊTS. Id. Id. Id.
8 ans.	»	»	»	Jachère. Blé. SAINFOIN. id. Id. Froment. Id. *Maïs.*
Id.	»	»	»	*Betteraves.* Froment. LUZERNE. Id. Id. Id. Avoine. Froment.

Les assolements peuvent être divisés en deux groupes : assolements à jachères, assolements sans jachères.

I. *Assolements à jachères.* — Ce sont ceux où pendant la durée d'une rotation, la terre demeure sans culture une ou plusieurs années.

La *jachère*, pratique ancienne comme il a été dit plus haut, a un double but :

1° Elle permet, pendant l'inculture du sol, d'éliminer les plantes parasites qui s'y sont fixées ;

2° Elle laisse aux particules terreuses le temps de former des principes nutritifs assimilables, dont la majeure partie demeure en réserve pour les récoltes futures.

Il est aisé de se rendre compte que ces deux effets peuvent être réalisés avec plus d'avantages par des assolements culturaux bien choisis.

Pour le nettoyage de la terre, il suffit d'introduire dans la rotation une ou plusieurs cultures de plantes *sarclées*, c'est-à-dire dont les pieds sont assez espacés pour qu'on puisse plusieurs fois pendant l'année extirper les mauvaises herbes. Le choix de la plante sarclée est dicté par les conditions économiques locales : on peut cultiver des plantes destinées à l'alimentation de l'homme, comme le maïs, les pommes de terre, ou bien des racines fourragères, betteraves, carottes, raves, ou des plantes industrielles, comme le tabac ou la betterave sucrière.

Quant au deuxième but, la jachère ne l'atteint le plus souvent que d'une manière très imparfaite. Les principes azotés du sol se nitrifient plus ou moins vite dans la terre nue, et les eaux pluviales entraînent vers le sous-sol des proportions notables de nitrates : la perte d'azote qui en résulte, n'est certainement pas compensée par la fixation intervenue spontanément sous l'influence microbique. Cet effet aura lieu énergiquement dans les sols calcaires où la nitrification est très active. Il sera beaucoup moins à craindre dans les terres fortes, pauvres en calcaire : mais dans ce cas, c'est le calcaire lui-même qui pourra être entraîné sans profit pendant l'année de repos. Ces déperditions d'azote ou de calcaire atténueront dans la plupart des cas, les avantages de l'enrichissement survenu en acide phosphorique et potasse assimilables.

En pratiquant sur un même champ pendant dix années consécutives des cultures de blé, alternant sans engrais avec la jachère nue, MM. Lawes et Gilbert ont obtenu comme produit total des cinq récoltes, 97 hectolitres par hectare, alors que les dix récoltes se succédant sans engrais en ont fourni 103, soit 6 de plus. L'emploi de la jachère a donc été nuisible.

Le résultat sera bien mieux atteint par l'emploi des engrais, s'il s'agit des cultures de surface (céréales) : cette pratique suppléera avantageusement à la nutrition naturelle, parce que le plus souvent l'achat des engrais, y compris l'accroissement des frais de culture, coûte moins cher que ne vaudra la récolte qu'il détermine. Le même but sera réalisé plus économiquement par l'introduction dans l'assolement des *cultures améliorantes*.

II. *Assolements sans jachères ou assolements rationnels*. — D'après ce que nous venons de dire, les assolements rationnels comprennent dans un ordre qui peut être variable :

1° Les cultures principales qui sont en général des cultures de surface (blé, avoine, etc.).;

2° Des cultures *sarclées ;*

3° Des *cultures améliorantes,* qui sont d'ordinaire profondes, légumineuses fourragères, forêts.

Les cultures sarclées permettent de nettoyer plus aisément le sol des plantes parasites qui l'encombrent : on les supprime quelquefois, quand les mauvaises herbes sont peu abondantes, la période de travail comprise entre la moisson et la semence des céréales pouvant suffire pour les éliminer. Plusieurs cultures sarclées peuvent figurer avec avantage dans la même rotation ; les unes à racines profondes comme le colza exploitant plus spécialement les principes nutritifs du sous-sol, d'autres, au contraire, vivant plus particulièrement de la couche arable, comme le maïs.

Aux cultures sarclées proprement dites, on peut substituer des cultures de *courte durée*, qui n'occupant le sol que pendant un petit nombre de mois, permettent de soumettre la terre à des travaux réitérés dans l'intervalle des cultures : telles sont les céréales de printemps, le chanvre, etc.

Les cultures améliorantes constituent pour la terre arable un véritable engrais : ce sont principalement les légumineuses fourragères et les bois.

Nous avons déjà dit la cause de cet enrichissement très réel du sol par les légumineuses fourragères, luzerne, trèfle, sainfoin, vesces, fèves, etc. Ce résultat semble paradoxal puisque ces cultures sont très exigeantes et paraissent devoir épuiser le sol au lieu de l'améliorer. En réalité, les racines des légumineuses favorisent au plus haut degré la fixation de l'azote atmosphérique sur la terre végétale (voir pages 107 à 111), et la dose d'azote ainsi fixée surpasse de beaucoup les besoins de la récolte. Quant aux autres principes nutritifs que celle-ci réclame, elle les prend non pas à la couche arable, mais aux couches profondes : là les radicelles se développent abondamment, absorbant l'acide phosphorique, la potasse, la chaux, les produits sulfurés, nécessaires au développement de la plante. Des racines très riches en matières minérales remplissent le sol et y demeurent avec les bases des tiges et les débris de feuilles, quand on enlève la récolte. La couche arable se trouvera donc enrichie de tous ces débris et par suite sera non seulement très bien pourvue d'azote, mais encore assez bien munie d'acide phosphorique, de potasse, de chaux, en proportions qui équivalent à une fumure abondante. Cette couche sera très apte à nourrir une culture de céréales et celle-ci sera bien plus prospère que si le sol avait porté des céréales; elle le sera même plus que si la terre était demeurée inoccupée.

Ces faits, consacrés depuis longtemps par la pratique agricole, ont été établis d'une manière irréfutable par un grand nombre d'observations rigoureuses : une culture de trèfle ou de luzerne équivaut à une véritable fumure, surtout riche en principes azotés.

Les cultures de luzerne, poursuivies pendant plusieurs années, laissent la terre pour ainsi dire saturée d'azote[1]; sur les défrichements, les froments sont souvent, par excès de nutrition azotée, exposés à verser : aussi commence-t-on d'ordinaire par y semer de l'avoine.

Pendant que le sol arable ainsi enrichi nourrit des récoltes successives de céréales, les couches inférieures accumulent peu à peu des principes nutritifs assimilables; quelques racines profondes des graminées nourries par la surface, y pénètrent et y constituent une vraie fumure. Le sous-sol bénéficiera de la culture du sol en céréales, comme le sol profite de celle du sous-sol, pendant le développement des légumineuses fourragères.

La pratique ne saurait négliger cette ressource précieuse, et le plus grand nombre des assolements rationnels comprennent des légumineuses, l'ordre et le choix des cultures variant beaucoup, selon les climats et aussi selon les conditions économiques de chaque exploitation.

1. Voir page 104 (note).

Malheureusement, à cause même de leurs aptitudes spéciales, les légumineuses ne peuvent s'adapter à toutes les terres : celles-ci doivent non seulement être bien pourvues de chaux, de potasse, et d'acide phosphorique, mais aussi être perméables et profondes.

En résumé, un assolement bien combiné a pour résultat principal l'exploitation simultanée des richesses nutritives du sol arable et des couches profondes de la terre. Néanmoins si on enlève constamment les récoltes, sans jamais restituer aucun engrais, il adviendra nécessairement un appauvrissement du champ ainsi cultivé sans relâche, et quoique bien plus lent que dans la culture continue toujours identique, cet appauvrissement finira par entraîner une diminution notable du rendement des récoltes. Il faudra donc, en général, s'opposer à cet affaiblissement en restituant au sol en tout ou en partie, ce qu'on lui a enlevé par la culture. C'est ce que l'emploi des engrais permet de réaliser.

CHAPITRE XI

DE L'UTILITÉ DES ENGRAIS.

Etant donné un sol, naturellement peu fertile, ou épuisé par la culture, comment peut-on le modifier pour accroître le plus possible sa fertilité, de la manière la plus économique ?

Tel est le problème de l'amendement et de l'engrais, posé dans toute sa généralité. On aperçoit de suite combien sa solution sera complexe puisqu'il s'adresse au sol que nous savons être si variable par sa constitution physique, sa composition chimique, son épaisseur, sa situation climatologique. La question se complique encore des différences de cultures, les exigences du blé n'étant pas les mêmes que celles de la betterave, des fourrages, ou de la vigne.

Nous allons néanmoins essayer d'établir quelques conclusions générales. Trois cas principaux peuvent se présenter.

I. Culture d'un sol très fertile. — Considérons d'abord un *sol très fertile* contenant en proportions convenables de l'argile, du sable, du calcaire, de la matière humique, sur une épaisseur considérable, un mètre par exemple; supposons, en outre, que l'analyse chimique y indique la présence de doses notables de matières nutritives, 1 kilogramme de terre fine renfermant, par exemple :

2 grammes d'azote,
2 — d'acide phosphorique,
2 — de potasse,
20 — de chaux.

Dans une terre semblable, une récolte quelconque sera abondante, et le rendement, considérable au début, se maintiendra sans le secours d'aucun engrais. Ceci nous apprend que la dose annuelle de principes devenus assimilables surpasse ou du moins égale les besoins de la récolte.

Si à un tel sol, nous ajoutons un *engrais complet*, c'est-à-dire contenant à la fois toutes les matières nutritives indispensables, potasse, acide phosphorique, chaux, azote, en résultera-t-il un accroissement de récolte ? En général, non, ou du moins cet accroissement serait minime et hors de proportion avec la dose de matières fournies. Economiquement, l'addition d'engrais serait déplorable. *Il est donc inutile d'en fournir à des sols très fertiles.*

II. **Culture d'un sol qui ne manque que d'un des éléments de fertilité.** — Supposons une terre, réunissant l'ensemble des conditions de fertilité, mais dénuée ou insuffisamment pourvue d'un des éléments nutritifs nécessaires; dans ce cas, la récolte obtenue sera faible. Mais si on fournit à ce sol l'élément qui lui manque, la fertilité reparaît, et les récoltes deviennent abondantes.

Ainsi, certaines terres sédimentaires d'origine volcanique, sont riches à la fois en acide phosphorique, en potasse, en chaux, mais pauvres ou médiocrement riches en azote: alors, l'addition d'engrais azotés les rendra très fertiles[1].

1. La culture des légumineuses peut dans ce cas remplacer l'addition d'engrais azotés.

Dans les contrées granitiques, on trouve quelquefois des sols, qui améliorés jadis par des apports très importants de matières calcaires, n'ont besoin que d'acide phosphorique pour montrer, au lieu d'une stérilité relative, une fécondité remarquable.

A certaines alluvions très calcaires, il ne manque que de la potasse, et l'addition d'un engrais riche en cette substance, développe la fertilité, qui demeurait à peu près nulle, tant que la potasse faisait défaut.

Mais il serait tout à fait superflu d'ajouter, en même temps que l'élément absent, les autres matières qui se trouvent en quantité suffisante; la fertilité n'en serait augmentée que dans des proportions très faibles.

Un défaut physique de la terre ou bien l'existence d'une cause nuisible à la végétation produisent des effets analogues à l'absence d'un des principes nutritifs nécessaires; ils suffisent pour rendre presque stérile un sol richement pourvu.

Dans une terre excellente qui demeure imprégnée par les eaux souterraines, l'air ne pénètre plus au voisinage des racines, la végétation languit et devient même impossible. Aucun engrais ne serait capable de restituer la fertilité qui, en réalité, existe toujours ; il faut pour la faire apparaître, supprimer la cause de souffrance en débarrassant le sol des eaux stagnantes qui y séjournent ; le drainage rétablira la fertilité.

Dans une terre trop sèche, la nutrition végétale ne peut avoir lieu faute d'eau. Alors l'irrigation s'impose ; si elle est impossible sous un climat constamment sec, les richesses nutritives de la terre demeurent sans emploi.

Il peut arriver aussi qu'un sol très riche en azote, en potasse, en acide phosphorique et même en chaux, ni trop sec, ni trop humide, ne fournisse néanmoins qu'une végétation languissante qui semble réclamer le secours d'engrais extérieurs. C'est lorsque le calcaire (carbonate de chaux) fait complètement défaut, la chaux se trouvant entièrement combinée soit à l'acide phosphorique, soit aux principes humiques; dans ce cas la nitrification, la transformation par les microorganismes de l'azote du sol en azote assimilable, ne peut pas avoir lieu et tout se passe comme si la terre, très riche en azote, n'en contenait pas du tout. Vainement on y porterait du fumier de ferme, des déchets animaux, du guano, la provision d'azote humique s'accroîtra seulement sans bénéfice pour les récoltes. La situation n'est pourtant pas sans remède. On pourra fournir à la végétation l'acide nitrique tout fait, sous forme de nitrates distribués au sol comme engrais. Mais le plus souvent il sera bien plus avantageux de faire disparaître la cause d'immobilisation de l'azote en ajoutant à la terre une dose suffisante de calcaire divisé: c'est ce que réalisent les opérations du *chaulage*, du *marnage*. La méthode analytique de M. de Mondésir fournit pour cette pratique des indications précieuses[1].

III. **Culture dans un sol moyen ou médiocre.** — Supposons un sol ordinaire de bonne constitution physique et renfermant par kilogramme de terre fine :

de 0gr5	à 1	gramme	d'azote,
de 0 5	à 1	—	d'acide phosphorique,
de 1	à 5	—	de chaux,
de 1	à 2	—	de potasse.

Sur un tel sol, la culture des céréales pratiquée sans engrais donne habituellement des rendements peu élevés qui, d'année en année, vont en diminuant. Pour les terres des champs d'étude de Rothamsted, qui s'écartaient peu du type précédent, la culture du blé

1. Voir page 132.

poursuivie pendant plus de quarante années sans aucune fumure a donné lieu, comme on l'a vu plus haut, à un décroissement lent mais régulier. Dans ces conditions, il est visible que la faiblesse de rendement et son abaissement progressif proviennent d'un défaut de matières nutritives : on peut prévoir que l'addition simultanée de toutes ces matières accroîtra la fertilité. C'est ce que démontre la pratique habituelle, c'est ce qui ressort aussi avec une précision remarquable des expériences agricoles exécutées par MM. Lawes et Gilbert, à Rothamsted et à Woburn, pendant une longue période.

Expériences de Rothamsted et Woburn. — Nous indiquons ci-dessous quelques-uns des résultats obtenus dans la culture du blé.

Les nombres inscrits sont toujours les moyennes des résultats obtenus pendant trente années de culture ; les écarts dus aux influences atmosphériques sont énormes d'une année à l'autre. Ainsi, à Woburn, le rendement par hectare sans fumure a varié de 24 hectolitres à 6hl7. Ces variations montrent bien clairement que la valeur des expériences culturales n'est réelle que si elles embrassent une longue période, ce qui est le cas de celles qui nous occupent.

Les engrais mis en œuvre dans ces essais ont consisté en engrais minéral employé seul ou conjointement avec une fumure azotée. L'engrais minéral fourni chaque année se composait par hectare de :

72 kilogrammes d'acide phosphorique (à l'état de superphosphate de chaux),
112 kilogrammes de potasse (à l'état de sulfate).
avec 112 kilogrammes de sulfate de soude
et 112 kilogrammes de sulfate de magnésie.

La fumure azotée appliquée à dose variable consistait soit en sulfate d'ammoniaque, soit en nitrate de soude, employés en couverture. Dans quelques expériences l'engrais azoté a été fourni seul, sans addition préalable d'aucune fumure minérale.

Rendements moyens en blé et paille, obtenus à Rothamsted (1852-1883).

ENGRAIS FOURNI CHAQUE ANNÉE par hectare.	BLÉ (EN HECTOLITRES).		PAILLE (EN QUINTAUX MÉTRIQUES)	
	Hectolitres.	En plus que sans fumure.	Poids.	En plus que sans fumure.
Sans fumure..........	h. 12,2	»	qm. 17,9	»
Engrais minéral seul...	14,2	h. 2,0	19,4	qm. 1,5
Id. + 48 kil. azote ammoniacal.	22,8	10,6	41,6	23,7
Id. + 96 kil. azote ammoniacal.	31,0	18,8	65,7	47,8
Id. + 144 kil. azote ammoniacal.	35,5	23,3	73,9	56,0
Id. + 96 kil. azote nitrique.....	33,8	21,6	70,7	52,8

Rendements moyens obtenus à Woburn.

ENGRAIS	Hectolitres.	En plus que sans fumure.	Poids.	En plus que sans fumure.
Sans fumure..........	h. 15,3	»	qm. 21,8	»
Engrais minéral seul..	15,9	h. 0,6	22,9	qm. 1,1
48 kilog. azote ammoniacal..............	22,8	7,5	31,1	9,3
48 kilog. azote nitrique	21,6	6,3	31,7	9,9
Engrais minéral, plus 48 kil. azote ammoniacal	28,3	13,0	40,2	18,4
Engrais minéral, plus 48 kil. azote nitrique.	29,1	13,8	43,5	21,7

L'examen de ces tableaux établit bien nettement l'influence des engrais sur la culture du blé dans des terres de fertilité moyenne. Par l'addition combinée des fumures minérales et azotées, le rendement a pu s'accroître dans une proportion notable. A Rothamsted, il est à peu près triple de celui obtenu sans engrais. A Woburn, terre meilleure, il a presque doublé : l'efficacité des fumures a été moins grande parce que, la dose de matières nutritives fournies aux récoltes par la terre seule étant plus importante qu'à Rothamsted, la nécessité d'un secours extérieur était moins impérieuse.

L'engrais minéral employé seul n'a pas produit grand effet, tandis que les fumures azotées appliquées seules ont déterminé à Woburn une amélioration notable des rendements. Sur des terres moyennes la culture des céréales réclame donc principalement des additions d'azote.

Mais les résultats sont de beaucoup meilleurs dans l'emploi simultané des deux fumures minérale et azotée.

Quant à la forme d'emploi de l'azote assimilable ainsi fourni à la terre, azote ammoniacal ou azote nitrique, il semble qu'elle soit assez indifférente, bien que cependant dans ces expériences l'azote nitrique paraisse conserver quelque avantage.

L'addition au sol de quantités croissantes d'engrais détermine des rendements qui vont en augmentant, et lorsque les poids d'engrais employés ne sont pas trop considérables, l'accroissement de récolte est à peu près proportionnel à ces poids. Mais au-delà d'une certaine limite, la proportionnalité disparaît, et l'excédant fourni par une quantité nouvelle de fumure, va constamment en diminuant, de telle sorte que cette addition devient très désavantageuse.

Ainsi, à Rothamsted, avec une fumure minérale constante, 48 kilogrammes d'azote ammoniacal ont, par hectare, accru la récolte de blé de 8^h6.

48 kilogrammes de plus déterminent un accroissement à peu près égal, savoir : 8h2.

Mais 48 kilogrammes ajoutés en plus n'accroissent le rendement que de 4h5, et 48 kilogrammes nouveaux ne détermineraient qu'une augmentation à peu près nulle, insuffisante pour compenser les frais d'achat de l'engrais.

Le calcul est aisé à faire.

48 kilogrammes d'azote ammoniacal, à 1 fr. 60 le kilogramme, valent 77 francs environ.

Avec 77 francs d'engrais azoté on obtient donc en plus 8h6 de blé qui, supposés vendus à 19 francs, valent 163 francs.

77 francs de plus donnent 8h2, valant 156 francs.

77 francs en plus donnent seulement 85 francs, c'est-à-dire sensiblement le prix d'achat de l'engrais; le gain réalisé serait ici trop faible pour justifier la dépense supplémentaire d'engrais et compenser les légères plus-values de main d'œuvre. Au-dessus de 144 kilogrammes, l'opération serait devenue déplorable.

On voit donc qu'*après une certaine limite, l'addition d'engrais ne produit plus aucun effet utile.* Il est impossible à grand renfort de fumures, de multiplier indéfiniment la production végétale; diverses causes naturelles s'y opposent; en particulier l'espace nécessaire à chaque végétal en limite forcément le nombre et chacun d'eux ne peut dépasser un certain développement individuel.

Dans la culture pratique, il faut toujours que la valeur de l'accroissement de récolte dû à la fumure surpasse les frais d'achat et de distribution de cette fumure.

C'est là un problème éminemment variable, dont la solution ne saurait être fournie d'une manière générale. *Le plus souvent,* jusqu'à une certaine dose, l'engrais est économiquement utile ; au delà, il peut encore accroître la récolte, mais aux dépens du cultivateur. Quant à cette limite, elle variera nécessairement selon les prix relatifs d'achat des engrais et de vente des récoltes. Elle variera aussi avec la nature du sol cultivé. Ainsi qu'on l'a dit plus haut, dans certains sols très fertiles, bien pourvus de tous les éléments nécessaires, il arrivera souvent que toute addition d'engrais serait désavantageuse. Il en serait de même fréquemment dans des terres de très mauvaise qualité.

Méthodes qui permettent de reconnaître si une terre réclame des engrais. — Nous venons de voir que le plus souvent il est avantageux de fournir des matières fertilisantes : azote, acide phosphorique, chaux, potasse, à une terre de richesse moyenne qui ne contient pas une quantité suffisante de ces principes disponibles. Si l'un d'eux est abondant, il est inutile d'en fournir tant que cette abondance subsiste et n'a pas été supprimée par la culture prolongée.

De la prétendue loi de restitution. — Certains agronomes ont posé comme une loi nécessaire, et cette opinion est encore assez répandue, qu'il est indispensable de restituer à la terre tous les matériaux nutritifs que les récoltes annuelles lui enlèvent. L'utilité de la restitution est bien visible quand il s'agit d'un sol pauvre ou fatigué; même, dans ce cas, la restitution ne suffit pas, et une amélioration plus importante est habituellement désirable.

Mais à une terre riche en azote, ou en acide phosphorique, ou en potasse, fournir de nouveau ces principes sous prétexte que les récoltes en ont emporté une certaine dose, c'est ensevelir inutilement dans le sol la valeur de ces matières; les terres riches sont, en réalité, une mine de principes fertilisants que l'agriculture exploite, comme l'industrie exploite les gîtes métallifères. Tant que la fertilité subsiste, il est inutile de chercher à combler les vides que la culture a faits dans dans le sol; *tant qu'un des éléments fondamentaux se trouve en abondance dans le sol, il est inutile de l'ajouter dans les fumures.* Il ne convient de fournir par l'engrais que les éléments contenus en quantité trop petite.

La fumure ne doit être en général qu'un aide de la fertilité naturelle.

Dans un sol très riche, elle est inutile et par conséquent désavantageuse.

Dans un sol tout à fait infertile, il en serait de même, car il faudrait ajouter des quantités d'engrais trop considérables, dont la valeur dépasserait notablement celle des récoltes. L'amélioration des sols stériles doit en général être réalisée progressivement, principalement par la culture forestière, très peu exigeante, qui enrichit lentement la terre arable aux dépens des couches profondes et aussi de l'azote atmosphérique.

Il est très important pour la pratique de pouvoir reconnaître si une terre exige le secours d'engrais et si elle réclame également les divers principes : azote, potasse, chaux, acide phosphorique. Ces besoins ne sauraient d'ailleurs être absolus et s'appliquer d'une manière générale à toutes les cultures.

La solution de cette question est malheureusement fort délicate. Pour y répondre, on peut s'appuyer :

1° Sur l'aspect des récoltes;
2° Sur l'analyse chimique de la terre :
3° Sur des essais culturaux directs.

1° **Aspect des récoltes.** — L'observation des récoltes peut fournir quelques renseignements utiles sur les besoins nutritifs de la terre qui les porte.

La teinte jaunâtre des feuilles au printemps, est généralement l'indication d'une insuffisance d'azote.

Si après une végétation herbacée vigoureuse, les céréales donnent des épis maigres et mal garnis, on peut conclure au défaut d'acide phosphorique.

La réussite du trèfle ou du sainfoin sans fumures indique l'abondance de la potasse et de la chaux ; celle de la pomme de terre prouve une richesse relative en acide phosphorique et potasse.

La végétation spontanée fournit aussi de précieuses indications (voir page 60) ; le coquelicot, le chardon, etc., dénotent la présence du calcaire dont au contraire les prêles, l'oseille, marquent l'absence; les légumineuses indiquent du calcaire, ainsi qu'une notable proportion de potasse.

2° **Analyse du sol**. — L'analyse chimique du sol fournit des règles beaucoup plus précises.

Azote. — *Si le calcaire manque tout à fait*, la richesse azotée est à peu près indifférente, puisqu'elle demeure inutilisée faute de nitrification ; il faut alors nécessairement, ou ajouter de l'azote assimilable, principalement sous forme de *nitrate*, ou *fournir du calcaire* en quantité suffisante, pour qu'il en demeure une certaine dose à l'état libre.

Si la terre contient du calcaire, son azote est utilisable par les récoltes. Quand la proportion d'azote dépasse 2 grammes par kilogramme de terre fine, il est en général tout à fait inutile sinon nuisible, de fournir des engrais azotés.

De 1gr5 à 2 grammes, l'utilité d'addition d'azote est variable, et le plus souvent peu marquée.

De 0gr5 à 1gr5, les fumures azotées sont très avantageuses, principalement au voisinage de 1 gramme.

Au-dessous de 0gr5 d'azote, la pauvreté de la terre est habituellement trop grande pour que la fumure soit rémunératrice.

Acide phosphorique. — Un sol renfermant par

kilogramme plus de 2 grammes d'acide phosphorique, ne profite pas habituellement d'une addition de ce principe.

La fumure de phosphates donne encore peu de résultats dans des terres qui contiennent de 1 à 2 grammes.

Au contraire, les résultats sont bons au-dessous de 1 gramme ; très bons pour les sols encore plus pauvres, qui ne possèdent que $0^{gr}5$ (et moins) d'acide phosphorique par kilogramme de terre fine : alors les engrais phosphatés sont absolument indispensables.

Potasse. — Si la terre renferme moins de 1 gramme de potasse par kilogramme, l'usage des fumures potassiques s'impose nécessairement. De 1 gramme à $1^{gr}5$, elles donnent encore des résultats favorables : au-dessus de $1^{gr}5$, elles paraissent être superflues.

Chaux. — La forte teneur en chaux est une bonne condition de fertilité de la terre ; mais ce dont il faut surtout se préoccuper, c'est de la présence du *carbonate de chaux* libre. Si l'analyse chimique du sol y indique du calcaire libre intimément disséminé dans toutes ses parties, il sera en général inutile de se préoccuper de fumures calcaires. Si le calcaire libre fait défaut, il est très avantageux d'en fournir en quantité suffisante, pour saturer tous les produits acides de la matière humique, de telle manière qu'une certaine dose de calcaire subsiste dans le sol amendé.

3° **Essais culturaux.** — L'analyse chimique de la terre ne conduit pas toujours à des résultats satisfaisants, car elle ne peut nous renseigner sur le degré d'assimilabilité et de dissémination des principes nutritifs de la terre[1]. Un procédé plus exact, qui a été recommandé par M. G. Ville, puis par M. Joulie,

1. Voyez page 137.

consiste à apprécier les besoins du sol, par des essais culturaux pratiqués sur ce sol lui-même.

Sur un certain nombre de parcelles du même champ, on cultive une même plante, à l'aide d'un engrais différent.

Voici, par exemple, de quelle manière peuvent être organisés ces essais.

Sur la partie du champ qui représente le mieux sa composition moyenne, on trace un carré de 43 mètres de côté, et on le divise par des chemins larges de 1 mètre, en 16 carrés égaux, ayant chacun un are de superficie [1]. Sur la terre des carrés, convenablement travaillée, on répand, à l'automne, des doses connues de principes fertilisants, ces doses variant d'ailleurs avec la nature de la récolte à produire.

Par exemple, pour la culture du blé, *l'azote* sera distribué à raison de 70 kil. par hectare, soit $0^{kil}7$ sur chacun des carrés qui doivent en recevoir ; il sera fourni de préférence sous forme de sulfate d'ammoniaque.

L'acide phosphorique doit être distribué à raison de 60 kilogrammes par hectare, soit $0^{kil}6$ par carré recevant une fumure phosphatée ; on se servira avec avantage de phosphate de chaux précipité ou de scories de déphosphoration.

La *potasse* sera fournie à raison de 60 kilogrammes par hectare, soit $0^{kil}6$ par carré fumé ; on la prendra de préférence à l'état de sulfate de potasse.

La *chaux* est distribuée en certaine quantité en même temps que l'acide phosphorique qui lui est combiné ; mais on devra, dans quelques essais, en donner des quantités plus importantes, à raison de 100 kilogrammes par hectare, soit 1 kilogramme par petite

1. Dans des pièces peu étendues, on peut se contenter de petits carrés de 5 mètres de côté, ayant par conséquent une surface quatre fois plus faible.

pièce fumée. Si la terre n'est pas acide, on pourra avantageusement la fournir sous forme de sulfate de chaux ou plâtre ; si la terre était acide, il conviendrait de donner la chaux à l'état de chaux vive ou de marne.

Les fumures seront réparties sur les carrés, comme l'indique la figure ci-jointe :

		Azote (A)	(Ph) Acide Phosphor.	Azote et Acide Phosphor.
	1 Sans engrais.	2 A	3 Ph	4 A. Ph
(Po) Potasse.	5 Po	6 A. Po	7 Ph. Po	8 A. Ph. Po
(Ch) Chaux..	9 Ch	10 A. Ch	11 Ph. Ch	12 A. Ph. Ch
Potasse et chaux...	13 Po. Ch	14 A. Po. Ch	15 Ph. Po. Ch	16 Fumure complète.

On a ainsi réalisé toutes les combinaisons possibles de fumures, depuis l'absence totale d'engrais sur le carré n° 1 jusqu'à la réunion des quatre fumures sur le carré n° 16.

Tous les carrés, ayant été ensemencés soigneusement de la même manière, ne tardent pas à présenter des aspects différents, qui rendent visible l'action relative des divers modes d'engrais. A la moisson, on recueille à part et on pèse le produit de chaque parcelle en paille et en grains. La comparaison des récoltes ainsi obtenues donne des indications sur l'influence spéciale des principes nutritifs ajoutés ; si, pour quelques-uns, elle est peu marquée ou même insensible, c'est que le sol en possédait suffisamment et qu'il est superflu de lui en fournir.

Des essais semblables peuvent être institués pour les diverses cultures ; mais il sera préférable de fournir les éléments fertilisants à des doses différentes. Pour la *vigne,* on les distribuera à raison de :

20	kilogr.	par hectare pour	l'azote ;
30	—	—	l'acide phosphorique :
80	—	—	la potasse ;
100	—	—	la chaux.

On pourra mesurer les poids de raisins produits par chaque parcelle, en même temps que le degré glucométrique du moût qu'ils fournissent.

Quand la terre du champ produit une vive effervescence sous l'action des acides, l'addition de calcaire n'exerce habituellement aucun effet ; on peut supprimer les parcelles 9 à 16 en ne conservant que les huit premières.

Besoins spéciaux des diverses cultures. — Dans les sols de fertilité uniformément médiocre, il convient le plus souvent de restituer à la terre, par l'engrais, les principes nutritifs qui ont été enlevés par les récoltes. La composition de ces dernières[1] nous renseigne donc en quelque manière sur les quantités d'éléments

1. Voir le chapitre IX.

fertilisants qui doivent être fournies au sol *pour soutenir sa fertilité.*

Le froment, et en général les céréales sont très sensibles aux engrais azotés, qu'ils réclament le plus souvent, mais ils n'en redoutent pas moins un excès d'azote ; la pratique agricole a montré que, pour une terre ordinaire, le froment devait recevoir de 60 à 80 kilogrammes d'azote ; le seigle, l'orge, l'avoine, se contentent de 30 à 40 kilogrammes par hectare.

Les betteraves, et d'une manière générale les cultures de *racines*, consomment plus d'azote que les céréales, mais en réalité ne sont guère plus exigeantes, parce qu'elles savent très bien s'assimiler l'azote du sol ; une dose d'azote de 80 kilogrammes par hectare est suffisante et ne doit pas être dépassée.

Le *maïs*, le *lin*, les *pommes de terre* ne demandent généralement que 25 à 30 kilogrammes d'azote.

Quant à la *vigne*, sauf dans des sols très pauvres, elle a rarement besoin d'engrais azotés, ou du moins il convient de les lui ménager.

Les *légumineuses* ne profitent nullement de l'azote fourni par les fumures, et leur nutrition azotée est amplement assurée par l'azote atmosphérique, fixé par l'intermédiaire des microbes du sol.

Les *prairies naturelles*, en grande partie formées par des graminées, ne reçoivent utilement des engrais azotés que lorsqu'elles sont établies depuis peu de temps. Dans les prairies anciennes, l'enrichissement spontané de la terre en azote démontre bien qu'il serait superflu de lui en apporter.

L'addition *d'acide phosphorique* à la dose de 50 à 80 kilogrammes par hectare produit toujours de bons effets pour n'importe quelle culture. La vigne peut se contenter de quantités moins importantes.

Quant à la *potasse*, il convient de ne pas dépasser 80 kilogrammes par hectare, sauf pour le topinambour et la pomme de terre, qui peuvent quelquefois profiter de fumures potassées plus importantes.

La *chaux* sera avantageusement distribuée à dose minima de 100 kilogrammes à l'hectare pour toute espèce de cultures; mais les prairies naturelles, les légumineuses fourragères, sont les plus sensibles à la richesse du sol en cet élément. Nous devons, en passant, signaler spécialement l'influence du plâtre (sulfate de chaux) sur la culture des prairies artificielles, trèfles, luzernes, sainfoins; on le répand sur les plantes elles-mêmes à raison de 300 à 500 kilogrammes par hectare. La théorie du plâtrage est assez discutée: il est probable que son utilité provient à la fois de la chaux et de l'acide sulfurique renfermés dans le plâtre, qui viennent concourir à la nutrition des légumineuses[1].

Fumure exagérée de la terre. — L'addition à la terre de quantités exagérées de principes nutritifs n'a pas pour conséquence une augmentation corrélative des récoltes. Au-dessus d'une certaine dose, déterminée par la nature du sol et par le genre de culture, les engrais ne produisent plus aucun effet utile et sont distribués en pure perte.

Quelquefois, il est vrai, ils peuvent demeurer enfouis dans la terre, à la disposition des récoltes futures; la fertilité foncière du champ se trouverait ainsi augmentée. Mais cette mise en réserve n'a pas toujours lieu, et d'ailleurs l'accumulation excessive de matières nutritives peut produire sur les récoltes elles-mêmes des effets fâcheux.

Conservation dans le sol des engrais non utilisés par les récoltes. — La persistance au sein de la terre

1. Des expériences récentes paraissent établir que le plâtrage facilite notablement la fixation de l'azote atmosphérique dans les nodosités des racines de légumineuses.

des engrais non utilisés par la végétation est extrêmement variable avec la nature de ces engrais[1].

Engrais azotés. — Les *nitrates* ne se conservent pas d'une année à l'autre ; les pluies d'automne ou d'hiver emportent vers les régions souterraines les nitrates qui ont échappé à la nutrition des récoltes.

Les *sels ammoniacaux* peuvent se maintenir plus ou moins bien dans une terre moyenne, pourvue à la fois d'argile, d'humus et de calcaire ; dans un tel sol, ils donnent lieu à la formation de carbonate d'ammoniaque qui demeure fixé sur les particules d'argile ou de matière humique ; néanmoins, une certaine proportion nitrifie en automne et peut dès lors être entraînée par les fortes pluies.

Dans des terres insuffisamment pourvues d'argile ou d'humus, la fixation ne peut avoir lieu, et les sels ammoniacaux ne résistent guère mieux que les nitrates.

Dans des sols qui manquent de calcaire, le changement en carbonate du sel employé ne peut se produire, et l'immobilisation n'est pas possible, à moins que l'engrais fourni n'ait été précisément constitué par du carbonate d'ammoniaque.

Les engrais azotés *lents*, formés de matières animales ou végétales, sont comparables à la matière azotée de l'humus, et se conservent un peu comme celui-ci. Dans les terres fortes très argileuses, leur durée est très grande ; dans les calcaires, dénués d'argile, ils nitrifient promptement, et la pluie enlève des quantités très importantes des nitrates produits.

Engrais phosphatés. — Les phosphates insolubles enfouis dans le sol y gardent leur insolubilité, et peu-

1. Les résultats qui suivent ont été développés d'une manière plus étendue dans le chapitre IV, pages 69 et suivantes, et dans le chapitre V.

vent par conséquent se conserver longtemps. Les phosphates solubles ne tardent pas à perdre, au contact des matières terreuses, cette solubilité, et leur maintien est donc habituellement assuré.

Il faut exclure pourtant le cas assez rare où ces phosphates seraient fournis à une terre exclusivement formée par du sable siliceux.

Engrais potasssiques. — Les sels de potasse sont retenus énergiquement par les particules terreuses, dans un sol normal suffisamment pourvu d'argile, d'humus, de calcaire. Si celui-ci fait défaut, la conservation ne peut avoir lieu que pour le carbonate de potasse, et non pour le chlorure de potassium, ou le sulfate potassique.

Dans des calcaires, ou dans des sables siliceux, la fixation ne se produit pas, et les eaux pluviales emportent la totalité des sels de potasse qui ont échappé à la nutrition des récoltes.

Engrais calcaires. — La chaux ajoutée en excès dans les fumures ne demeure jamais fixée sur la terre, et l'action de la pluie tend constamment à l'enlever peu à peu.

Inconvénients pour les récoltes d'une fumure excessive. — *L'excès d'acide phosphorique n'a jamais d'inconvénients pour les récoltes :* celles-ci ne peuvent que profiter de son abondance en utilisant la proportion qui leur convient. Le reste demeure fixé au sol, les eaux pluviales n'en enlèvent habituellement que des traces négligeables. On peut donc sans danger confier à la terre de très fortes doses d'acide phosphorique.

Les engrais *calcaires* employés en excès n'exercent aucun effet fâcheux sur la végétation ; mais nous avons dit plus haut que leur conservation était peu assurée.

Au contraire, il faut éviter soigneusement l'emploi de quantités excessives d'*azote* ou de *potasse.*

L'exagération des fumures potassiques contrarie généralement le développement normal des récoltes : la potasse employée à forte dose constitue pour les plantes un véritable poison. Le rendement des céréales s'affaisse, la richesse saccharine des betteraves s'affaiblit. La pomme de terre ne paraît pas souffrir, au moins dans une certaine mesure, des engrais potassiques employés en excès.

Une nutrition *azotée* trop abondante produit également dans les cultures un grand nombre d'effets fâcheux.

D'une manière générale, l'excès d'engrais azotés augmente dans une forte proportion la production des feuilles, mais diminue notablement la valeur de la récolte proprement dite : la maturité est retardée, circonstance fréquemment défavorable, qui peut occasionner l'échaudage des céréales, la pourriture des racines fourragères, la mauvaise qualité des foins de prairie, les maladies cryptogamiques du raisin.

La richesse en sucre des betteraves, des raisins, se trouve abaissée : les fibres textiles du lin ou du chanvre sont moins résistantes.

Les céréales sont très exposées à la *verse ;* et cet accident fâcheux se produit fréquemment sur les défrichements de luzerne, dont la terre possède toujours une très forte proportion d'azote.

Enfin les engrais azotés, répandus à haute dose, poussent beaucoup aux mauvaises herbes.

C'est pour ces deux dernières raisons que, dans les assolements entretenus au moyen du fumier de ferme, on donne celui-ci à une culture sarclée qui ouvre la rotation.

CHAPITRE XII.

DE LA CULTURE AVEC ENGRAIS.

La culture avec engrais peut se ramener à deux types extrêmes :

1° La culture d'un domaine sans autre engrais que ceux provenant de ce domaine ;

2° La culture d'un domaine à l'aide d'engrais pris ailleurs.

I. **Culture d'un domaine à l'aide d'engrais provenant de ce domaine.** — C'est le cas d'un grand nombre d'exploitations agricoles; c'était le type général, il y a peu d'années encore.

Pour fixer les idées, supposons un domaine composé de champs de fertilité moyenne, ayant besoin d'engrais pour fournir d'abondantes récoltes. Par un assolement convenablement distribué, on obtiendra chaque année, comme produits principaux des cultures, d'une part des céréales, ou des produits industriels, tabac, chanvre, lin, betteraves sucrières; d'autre part, des fourrages ou des racines fourragères.

La majeure partie des grains, et les produits industriels nets, feuilles de tabac, racines des betteraves, sont vendus, et exportent ainsi du domaine une quantité notable de principes fertilisants, azote, potasse, acide phosphorique, chaux.

Les fourrages, les racines fourragères, et même une

part des grains, servent à nourrir les animaux de travail, bœufs et chevaux, et aussi la plupart du temps, des animaux d'élevage, poulains, bœufs d'engrais, vaches laitières, moutons et brebis. Les pailles des céréales sont employées à former les litières sur lesquelles s'accumulent et se fixent les déjections animales; la matière obtenue se nomme le *fumier de ferme*.

Celui-ci comprend donc non seulement la totalité des pailles, auxquelles viennent se joindre les résidus végétaux des diverses cultures, mais encore la majeure part des substances nutritives, azote, acide phosphorique, potasse, chaux, que les fourrages renfermaient. Ces matériaux ont traversé en se modifiant le tube digestif des animaux; mais une certaine dose demeure fixée par eux et se trouve réellement employée à leur nutrition et à leur développement.

Cette dose disparue ainsi peut être assez considérable, si la production du lait et la vente des animaux sont importantes. Ainsi le lait contient par litre :

6gr9 d'azote,
1 9 d'acide phosphorique,
1 7 de potasse.

Une vache laitière peut fournir annuellement de 1,500 à 3,800 litres de lait.

L'exportation du lait hors du domaine enlèvera donc à celui-ci, par tête de vache et par an :

De 10 à 24	kilogrammes	d'azote;
De 3 à 7	—	d'acide phosphorique;
De 2,5 à 6,5	—	de potasse.

Le fromage enlève à peu près autant de principes nutritifs que le lait; mais quand l'exportation se borne au beurre, uniquement constitué par des matières grasses[1], elle ne donne lieu à aucun appauvrissement appréciable.

L'exportation des animaux vivants élevés dans la ferme soustrait à celle-ci principalement de l'azote et de l'acide phosphorique. Le tableau qui suit fournit à ce sujet quelques indications moyennes :

	POIDS de L'ANIMAL.	QUANTITÉ TOTALE DE		
		Azote.	Acide phosphorique.	Potasse.
Bœuf d'engrais..	800 à 1,000k.	20 — 27k.	15 — 20k.	1k4 — 1k7
Veau	90	2,2	1,2	0,22
Mouton...	40 à 50	1	0,6	0,07
Porc...........	150	3	1,5	0,3

La laine annuelle d'un mouton pèse 2 à 10 kilogrammes et contient :

0kg16 à 0kg77 d'azote;
0 02 à 0 10 d'acide phosphorique;
0 11 à 0 56 de potasse.

En résumé, on exporte en dehors du domaine toutes les matières nutritives contenues :

1° Dans les grains vendus;
2° Dans les fruits ou produits industriels;
3° Dans le lait vendu;
4° Dans la laine des tontes;
5° Dans les animaux vendus.

Le reste des matières nutritives prises au sol par les

1. Elles ne renferment que du carbone, de l'hydrogène et de l'oxygène.

récoltes demeure dans le *fumier de ferme*, et on les restituera à la terre en donnant celui-ci comme engrais.

Cette restitution aura lieu chaque année sur certains champs du domaine, dont la surface sera ainsi fumée tout entière, non pas en une année mais dans une période d'années qui varie avec les assolements adoptés.

En réalité, dans les fumiers de ferme il arrive fréquemment, *par défaut de soins*, qu'une partie notable des principes nutritifs disparaît en pure perte, l'azote se dégageant dans l'atmosphère sous forme ammoniacale, de l'acide phosphorique, de la potasse et même de l'azote étant emportés par les eaux pluviales. (Voir plus loin le *Fumier de ferme*.)

Mais dans les fumiers soignés, la perte se borne à quelques émanations ammoniacales qu'il est impossible d'éviter.

Le sol même pauvre fournit spontanément, par sa fertilité naturelle, une certaine dose de matières nutritives qui, aidées des principes apportés par la fumure, pourront fournir une récolte suffisante et semblable à celles obtenues antérieurement. En d'autres termes, l'emploi du fumier de ferme réduit au tiers ou à la moitié la quantité de matières fertilisantes que la terre doit fournir aux récoltes. Dans ces conditions, l'affaiblissement sera insensible d'une année à l'autre : l'exploitation pourra se soutenir semblable à elle-même pendant de longues années, mais elle demeurera toujours assez médiocre, et la richesse foncière du sol allant toujours en diminuant, on arrivera forcément, quoique très lentement, à l'abaissement des rendements.

Culture des légumineuses fourragères. — Quand pour certains champs du domaine la profondeur du sol est suffisante, on a certainement de grands avantages à introduire dans les assolements la production des légumineuses fourragères, luzerne, trèfle, sainfoin, vesces ; car non seulement l'azote de ces récoltes leur vient principalement de l'atmosphère, mais en outre, le sol qui les a fournies se trouve fortement enrichi en produits azotés et même en principes minéraux empruntés aux parties profondes de la terre. Les cultures de légumineuses constituent pour le sol arable une vraie fumure extérieure, riche surtout en azote et en potasse. L'exportation de ces deux principes sera rendue moins importante, et il n'y aura guère lieu de se préoccuper que de la diminution de l'acide phosphorique.

Engrais verts. — A côté des cultures améliorantes, il convient de placer les *engrais verts*. Une pratique agricole assez répandue consiste à enfouir avant leur maturité certaines récoltes à végétation vigoureuse et rapide; la matière végétale ainsi produite et mélangée sur place à la terre constitue pour celle-ci un véritable engrais, qui accroît sa fertilité et lui permet de fournir ultérieurement de belles récoltes.

Cette action fertilisante peut surprendre tout d'abord, puisque les engrais verts ne paraissent rendre au sol que ce qu'ils lui ont pris, mais l'exemple des légumineuses fourragères nous montre qu'il n'en est pas ainsi. Si on a convenablement choisi la nature des végétaux enfouis, ceux-ci donnent au sol arable, non seulement ce qu'ils lui ont emprunté, mais aussi de l'azote pris à l'atmosphère et des principes nutritifs pris au sous-sol. Les plantes désignées pour servir d'engrais verts sont donc principalement des *légumineuses*.

Quant à l'espèce, elle variera avec le sol et avec les nécessités culturales.

L'engrais vert doit être banni des terres où le calcaire fait défaut: il ne servirait qu'à accroître sans profit la dose des produits acides de l'humus.

Dans les sols calcaires, le trèfle incarnat ou farouche, semé en octobre, enfoui au printemps, pourra très utilement servir d'engrais à une culture sarclée semée de suite après, maïs, pommes de terre, betteraves.

Dans les sols siliceux, on emploiera de préférence le lupin blanc; dans les sols argileux, quoique suffisamment pourvus de calcaire, la fèverole d'hiver, les vesces, donneront de bons résultats.

Un des principaux avantages de la pratique des engrais verts, est l'accroissement notable et rapide de la matière organique de la terre; elle est donc recommandable pour les sols légers, où l'humus fait défaut. Dans l'emploi exclusif des engrais chimiques qui use promptement les principes organiques de la terre, on peut ainsi de temps à autre les rétablir par les engrais verts.

Irrigation. — Une condition très favorable à l'entretien du domaine est la présence de prairies irrigables à l'aide d'eaux abondantes, toujours plus ou moins riches en principes fertilisants, azote nitrique, acide phosphorique, potasse, chaux. Les fourrages se produisent alors en grande quantité, sans fumure spéciale, et ils peuvent nourrir un nombreux bétail, dont le fumier très copieux permet de compenser largement les emprunts faits aux champs par les récoltes, voire même d'enrichir la terre, dont la fertilité ira en s'accroissant.

Mais, en réalité, l'eau d'irrigation est un engrais naturel extérieur, qui vient au secours de la culture, comme le limon du Nil déposé chaque année sur la surface du Delta, constitue une fumure régulière, active surtout par la ténuité des éléments qui la composent.

Effets principaux de la culture sans importation. — Un des inconvénients de ce mode d'exploitation consiste dans l'impossibilité de la culture continue des céréales, ou des plantes industrielles; l'assolement, comprenant des récoltes fourragères, s'impose nécessairement, comme conséquence de la nécessité de nourrir un nombreux bétail, unique producteur de la fumure. Cette condition est parfois très avantageuse, quand les animaux élevés ou leurs produits, lait, beurre, fromage, peuvent être vendus à des prix rémunérateurs: elle peut être, au contraire, défavorable, quand ces ventes sont difficiles, ou ne peuvent se faire qu'à vil prix.

Les fumures, convenablement réparties, sur les divers champs du domaine, ont pour effet d'y maintenir dans la terre des proportions convenables d'humus, et tendent peu à peu à uniformiser la fertilité sur tous les points.

Mais par l'exportation constante des principes utiles, le stock des principes nutritifs, qui produisent cette fertilité, ira nécessairement en s'abaissant. L'emploi judicieux des cultures de légumineuses, permettra de pallier, sinon d'empêcher cette diminution, pour l'azote, et même, quoiqu'à un degré moindre, pour la potasse, mais non pour l'acide phosphorique. On peut donc prévoir que pour des terres de fertilité moyenne, les rendements ainsi obtenus seront peu élevés, à moins qu'on ne leur vienne en aide par l'addition de principes phosphoriques amenés du dehors. Dans les sols fertiles, la culture peut, au contraire, sans secours extérieurs, fournir des résultats très satisfaisants.

II. **Culture d'un domaine à l'aide d'engrais pris ailleurs.** — Dans la méthode culturale qui vient d'être décrite, on exporte une faible partie des produits de la terre, et on n'achète rien. Une autre méthode consiste à exporter tous les produits, en achetant tous les engrais. C'est celle que pratiquent les viticulteurs, c'est aussi celle que suivent fréquemment les producteurs de céréales et même de fourrages, qui aiment mieux vendre paille et foin, et acheter des engrais.

On ne conserve alors que les animaux strictement nécessaires pour le travail de la ferme, et dans bien des cas, le fumier d'écurie qu'ils fournissent peut être regardé comme un engrais importé, parce que le foin ou la paille, ou même l'un et l'autre, sont achetés au dehors.

Un des principaux avantages de ce mode d'exploitation est de supprimer la nécessité des assolements; la culture continue, sur un même champ, des céréales ou des récoltes industrielles, est facile à réaliser, par l'emploi de fumures convenables. Le bétail nombreux peut être supprimé, s'il est désavantageux. En un mot, la culture du domaine est susceptible de se prêter rapidement à tous les changements commandés par les variations économiques, puisque la terre, suffisamment pourvue d'engrais, pourra toujours fournir toute espèce de récoltes (sauf dans certains cas les légumineuses fourragères). En employant assez d'engrais, on pourra d'ordinaire obtenir de hauts rendements, pourvu que la constitution physique de la terre soit passable.

Le plus souvent, l'engrais principal est le fumier de ferme produit dans le domaine, et on se borne à lui venir en aide avec des engrais achetés, spécialement en lui ajoutant des phosphates minéraux.

CHAPITRE XIII.

CLASSIFICATION DES ENGRAIS.

On peut diviser les engrais en deux grandes classes : engrais organiques, engrais minéraux ou chimiques.

I. **Engrais organiques.** — Les engrais organiques proviennent tous de la végétation, soit directement, soit par l'intermédiaire des animaux. Ce sont parfois des plantes vertes ou sèches, ou des résidus provenant des plantes ou de leurs fruits. Ce sont aussi des dépouilles d'animaux, des résidus industriels issus de matières animales, ou même très souvent des déjections solides ou liquides, provenant des animaux vivants, mélangées ou non avec des débris végétaux.

A cause de leur origine commune, ces engrais contiennent toujours les éléments constitutifs des plantes, nécessaires à leur nutrition, azote, acide phosphorique, potasse, chaux et même soufre et magnésie. Ces principes sont visiblement distribués en proportion très variable, et les écarts de composition sont même très grands pour une même matière.

Le tableau suivant fait connaître en kilogrammes les poids de matières fertilisantes contenus dans 1,000 kilogrammes des divers engrais organiques : les valeurs inscrites sont des moyennes.

NATURE DES ENGRAIS.	AZOTE TOTAL.	ACIDE phosphorique.	POTASSE.	CHAUX.
ENGRAIS VÉGÉTAUX.				
Roseaux	4 à 2,7	1,8 à 0,4	3 à 6	2,7
Triangles de marais	5,7	1,5	5,8	»
Buis (séché)	35	»	»	»
Fougères (sèches)	24	3 à 4	27 à 18	8 à 6
Genêts (secs)	25	3 à 1	5 à 9	2 à 4
Bruyères (sèches)	8 à 10	0,3 à 1	2 à 3,7	2,3 à 3,5
Warechs verts	4 à 5	1,1	»	7 à 11
Warechs secs, du Nord	14	4	16	17
Algues sèches, de Méditerranée	5	1,1	1,8	»
Tourbes	6,4 à 25	0,9	0,8	»
RÉSIDUS VÉGÉTAUX.				
Balles de blé	7,2	4,0	8,4	2
Balles d'avoine	6,4	0,2	10,4	7
Marcs de raisin	8 à 18	2,5 à 4,3	2 à 16	»
Lies de vin (sèches)	19	38	»	»
Marcs d'olives	8 à 13	2,5 à 1	8	»
Marcs de pommes	1,1 à 2,8	0,4 à 0,9	1,2 à 3	»
Tourteaux de colza	49	28	14	»
Tourteaux de lin	50 à 54	11 à 21	13	»
Id. d'arachide	54 à 75	5,9 à 13	15	»
Id. de coprah	39	11	25	»
Id. de coton	32 à 65	12 à 30	16	»
Id. de sésame	55 à 63	16 à 20	14,5	»
Déchets de coton	10 à 15	4 à 5	»	»
Marcs de café secs	18,5	120	»	»
RÉSIDUS ANIMAUX.				
Fumier de ferme (moyenne)	5,5	3,7	6,0	7,0
Liquide de vidange	9,4	3,3	2,0	»

NATURE DES ENGRAIS.	AZOTE TOTAL.	ACIDE phosphorique.	POTASSE	CHAUX.
Liquide de vidange.....	6,0	»	»	»
Id.	0,27	»	»	»
Poudrettes............	3,2 à 28	5,7 à 81	1 à 20	»
Colombines............	83 à 53	44	»	»
Sang frais.............	30	0,4	0.6	»
Sang desséché...........	54 à 139	5 à 15	6 à 8	»
Chair desséchée.........	70 à 140	2.5 à 80	3 à 8	»
Os verts (frais).........	40 à 45	210 à 230	»	»
Os dégélatinés..........	9 à 18	275 à 310	»	»
Débris de poisson.......	38 à 100	»	»	»
Poils et cheveux.......	140 à 170	»	»	»
Cornes...............	143 à 166	»	»	»
Plumes................	178	»	»	»
Rognures de cuir........	93	»	»	»
Marcs de colle.........	37,5	»	»	»
Chiffons de laine.......	50 à 80	1,8	1,9	»
Tontisses de laine........	20 à 60	»	»	»
Poussières de laine......	25 à 50	2 à 13	3 à 9	»
Guanos...............	6 à 178	110 à 160	6 à 27	»
ENGRAIS DIVERS.				
Eaux d'égoût (Paris)...	0,02 à 0,08	0,01 à 0,06	0,02 à 0,06	»
Id. (Bruxelles).	0,11	0,05	0,11	»
Id. (Berlin). .	0,10	0,04	0,04	»
Eau du Nil...............	0,001	0,0004	0,0037	0,05
Limon du Nil...........	1,1	1,9	67	15
Vases de rivière....... .	2 à 2,9	»	»	»
Tangue de Normandie...	0,3 à 1,6	0.8 à 14	»	129 à 260
Merl de Bretagne......	0,5	0,1 à 2	»	308 à 430
Gadoues vertes (Paris)...	3,8	4,1	4,2	25 à 32
Gadoues noires (fermentées).................	4,0	4,7	5,0	30
Suie de bois............	11,5	»	»	»
Suie de houille....... ..	13,5	»	»	»
Cendres de bois....	0	8 à 150	56 à 176	250 à 400
Cendres de houille.......	0	2 à 30	5 à 25	13-200
Cendres de tourbe.	0	2,5 à 26	2,5 à 18	250 à 400

Les plantes qui croissent spontanément dans les terres incultes, forêts, landes, garrigues, marais, sont assez fréquemment utilisées comme engrais et enfouies dans le sol soit à l'état vert, soit après dessiccation : les genêts, les rameaux de buis, les fougères, les bruyères, les roseaux et triangles de marais, constituent une fumure assez riche en azote et potasse, mais pauvre en acide phosphorique. Souvent aussi on les emploie comme litières, servant de base à la production du fumier de ferme.

Les tourbes peuvent rendre des services analogues, à cause de leur forte teneur azotée.

Les varechs, goëmons et algues diverses que l'on recueille en abondance sur certaines côtes, peuvent rendre de grands services à la culture des champs du littoral : ils apportent surtout de l'azote et du calcaire. En Bretagne, où leur emploi est très fréquent, on les enfouit dans le sol à raison de 40 à 60 mètres cubes par hectare : cette dose contient de 80 à 100 kilogrammes d'azote.

Les divers résidus végétaux obtenus dans les fermes ou dans l'industrie sont utilisables comme engrais. Tels sont les marcs de raisin, de pommes, d'olives. Tels sont aussi les *tourteaux* obtenus par le traitement des graines oléagineuses : ils sont fort riches en azote, assez riches en acide phosphorique; mais ils contiennent en outre des proportions notables de matières grasses, inutiles, sinon nuisibles à l'amélioration du sol[1], mais ayant au contraire une réelle valeur pour l'alimentation des animaux. Sauf pour les tourteaux issus de graines toxiques ou irritantes, il sera donc en général préférable de les employer à la nourriture des animaux, dont on utilisera ensuite le fumier.

Les résidus animaux sont principalement riches en

1. Le commerce livre actuellement, sous le nom de *tourteaux sulfurés*, des tourteaux qui ont été débarrassés des matières grasses à l'aide du sulfure de carbone.

azote et même en acide phosphorique. La chair, le sang, les poils, les plumes, la laine, le cuir, ne sont guère que des engrais azotés, d'ailleurs fort riches. Les os ont, au contraire, peu d'azote et beaucoup d'acide phosphorique et constituent des engrais phosphatés.

Les déjections animales issues de l'homme et des animaux sont visiblement indiquées pour les fumures, et leur richesse en azote et même en acide phosphorique est habituellement très grande. Les colombines ou résidus de poulailler sont des engrais de premier ordre. On a trouvé sur certains points du globe des dépôts immenses de colombine qu'on a exploités sous le nom de *guanos*. Au Pérou seulement, la masse de guano a été évaluée à 38 millions de tonnes. La composition des guanos livrés par le commerce est excessivement variable; leur falsification est très facile, et pour ces deux motifs, les agriculteurs ne doivent acquérir des guanos qu'après un titrage chimique.

Les guanos actuellement envoyés du Pérou renferment par 1.000 kilogrammes :

30 à 90	kilogrammes	d'azote.
120 à 250	—	d'acide phosphorique.

Il y a une trentaine d'années, les guanos importés avaient une richesse notablement supérieure. La plus grande partie de l'azote se trouve dans le guano sous forme ammoniacale, immédiatement utilisable par la végétation : cette particularité permet de rendre compte de son activité dans les fumures.

La composition des matières de vidange, et aussi des poudrettes, est également sujette à des variations énormes, qu'il convient de ne pas oublier. Ici encore une partie de l'azote est à l'état d'ammoniaque, susceptible d'une action nutritive immédiate.

Les détritus organiques qui proviennent des villes,

balayures, gadoues, eaux d'égoût, contiennent à la fois des débris animaux et végétaux, et leur valeur fertilisante est fort variable d'un endroit à l'autre.

Le fumier de ferme, mélange de déjections animales avec des matières végétales, doit par le fait de cette double origine, avoir une richesse assez grande en azote, en acide phosphorique et en potasse. Son importance comme engrais nous oblige à entrer dans quelques détails.

Fumier de ferme. — Le *fumier de ferme* est constitué par le mélange des litières avec les déjections solides et liquides des animaux de la ferme, soit animaux de travail, bœufs, mulets, chevaux, soit animaux d'élevage, juments et poulains, vaches laitières, bœufs d'engrais, moutons, brebis, chèvres, porcs, etc.

La litière est habituellement formée avec la paille des céréales, quelquefois avec les fanes sèches de diverses plantes : colza, pois, haricots, pommes de terre. Le but de la litière est double : elle doit servir au couchage des animaux, et pour cet usage, elle doit être douce, molle, en même temps que douée d'une certaine élasticité ; mais il faut également qu'elle puisse absorber les déjections liquides : les pailles des céréales, à cause de leur forme tubulaire, satisfont très bien à ces deux conditions.

La composition du fumier de ferme change beaucoup selon les conditions de production ; elle varie en particulier avec la nature des animaux, le mode d'alimentation, le genre de litière et la quantité de litière fournie.

Les fumiers de vache, de porc sont très aqueux ; ceux de cheval et de mouton sont beaucoup plus secs.

Les animaux nourris avec des légumineuses fourragères, sainfoin, trèfle, luzerne, donnent un fumier beaucoup plus riche en azote que ceux que l'on nourrit avec des foins de prés, formés surtout de graminées moins nutritives. Les betteraves fourragères, les pommes de terre, procurent un fumier particulièrement riche en potasse.

Les vaches laitières, qui exportent par le lait de l'azote et de l'acide phosphorique, en laissent moins au fumier que les animaux de travail ou d'engraissement.

Le tableau suivant fait connaître la composition de divers fumiers de ferme, de production récente.

Poids de matières fertilisantes contenues dans 1,000 kilog. de fumiers de ferme récents.

NATURE DES FUMIERS.	AZOTE.	ACIDE PHOSPHORIQUE.	POTASSE.
	k. k.	k. k.	k. k.
Cheval............	4,5 à 6,7	2,3 à 3,2	3 à 8,4
Vaches............	3,4 à 8	1,3 à 3,8	4 à 10,8
Bœufs d'engrais....	(9,8)	»	»
Moutons..........	5 à 8,5	5 à 7,5	6,5 à 17
Porcs.............	4,5 à 8	2	6 à 17
Mixtes divers......	3,7 à 11	1,2 à 13	4 à 13
Purin..............	0,25 à 1,5	0,03 à 0,5	2 à 4

Voici également les compositions de divers fumiers frais, obtenus par M. Boussingault dans des conditions bien déterminées de nourriture et de litière.

Les résultats sont toujours rapportés à 1,000 kilogrammes de fumier :

ESPÈCE de L'ANIMAL.	MODE de NOURRITURE.	AZOTE	ACIDE phosphorique.	POTASSE	POIDS DE PAILLE fourni par jour comme litière par tête d'animal.
		k.	k.	k.	k.
Cheval...	Foin et avoine.	6,7	2,3	3,5	2
Vache....	Foin et pommes de terre.	3,4	1,3	7,2	3
Mouton..	Foin	8,2	2,1	8,4	225gr.
Porc.....	Pommes de terre cuites.	7,8	2,0	16,9	450gr.

Transformations progressives du fumier de ferme. — Dans le fumier récemment produit, l'azote se trouve presque tout entier à l'état de matière organique complexe, mais au bout de quelques heures, et dans l'étable même, une sorte de fermentation s'établit très activement dans les déjections liquides : elle a pour effet de transformer la substance azotée en ammoniaque, ou plutôt en carbonate d'ammoniaque, dont une partie se dégage dans l'air ambiant; par suite, des pertes assez notables d'ammoniaque se produisent déjà dans l'étable.

Quand le fumier est transporté au tas, le phénomène change de nature : une nouvelle fermentation commence, comparable en quelque manière à une véritable combustion de la substance organique ; il se dégage de l'eau, de l'acide carbonique, en même temps que beaucoup de chaleur. L'élévation de température qui en résulte, peut être très considérable, si on n'y prend garde, surtout dans les fumiers secs, de mouton ou de cheval; un thermomètre introduit dans les tas s'y élève fréquemment jusqu'à 80°. Cet échauffement détermine la déperdition de doses très importantes d'ammoniaque. *L'arrosage fréquent* du tas de fumier est un des meilleurs moyens de combattre ces effets fâcheux.

A cette sorte de combustion succède une nouvelle fermentation, analogue aux fermentations qui se produisent dans le sol sur la matière végétale quand l'air y fait défaut ; la substance végétale de la paille, sous l'influence de microbes spéciaux, se transforme peu à peu en une masse noirâtre assez homogène, qu'on a quelquefois nommée *beurre de fumier*, et sur laquelle se fixe, avec une certaine énergie, l'ammoniaque dégagée. Il se produit en même temps de l'eau, de l'acide carbonique, et aussi, comme l'a montré M. Gayon, un carbure d'hydrogène, le gaz des marais ou grisou, éminemment inflammable. M. Gayon a pu, en un jour, au moyen de 1 mètre cube de fumier, obtenir 100 litres de ce gaz.

Le résultat de ces transformations successives est ce qu'on appelle le *fumier consommé*. Il est notablement plus riche en principes nutritifs que le fumier frais. Nous empruntons, à MM. Müntz et Girard, le tableau suivant qui indique comparativement la composition de fumiers frais et consommés (rapportée à 1,000 kilogrammes) :

	AZOTE	ACIDE PHOSPHORIQUE.	POTASSE.
	k.	k.	k.
Fumier de vache frais...	8,1	4,0	14,5
Id. après trois mois.	11,8	6,8	20,8
Fumier de mouton frais.	6,5	6,2	17,1
Id. après six mois...	9,2	10,7	22,8

Cette concentration des matières fertilisantes provient visiblement de la diminution de la masse totale, par suite surtout du départ d'eau et d'acide carbonique. On trouve, en effet, que le poids du fumier consommé n'est plus que les trois quarts, ou même la moitié, du poids du fumier frais qui l'a fourni.

Dans le fumier frais, la plus grande partie de l'azote se trouve à l'état de matière organique azotée insoluble : dans le fumier consommé, la dose d'*azote ammoniacal*, soluble dans l'eau, est beaucoup accrue, et atteint parfois la moitié de l'azote total.

Le *poids du mètre cube* de fumier est très variable selon son état : le fumier frais pèse de 300 à 580 kilogrammes, en moyenne 500 kilogrammes environ. Le fumier consommé pèse environ 800 kilogrammes (par mètre cube).

Soins à donner au fumier. — Pour atténuer autant que possible les pertes de principes nutritifs, il faut maintenir le fumier bien tassé et bien arrosé; il faut, en outre, empêcher que les eaux ammoniacales issues du fumier, c'est-à-dire le purin, s'infiltrent inutilement dans les profondeurs du sol. Ces eaux doivent être recueillies soigneusement, et on s'en servira avantageusement pour l'arrosage du tas.

On réduira beaucoup les pertes d'ammoniaque en couvrant la surface du tas de fumier avec une couche de terre d'environ 15 centimètres, qui condense les vapeurs ammoniacales et maintient la fraicheur au-dessous d'elle. Cette terre ainsi saturée d'ammoniaque constitue ensuite un véritable engrais azoté.

II. **Engrais minéraux ou engrais chimiques.** — On désigne sous ce nom les diverses substances issues de gisements minéraux naturels ou produites par l'industrie chimique, qui peuvent être employées pour fournir aux terres qui en manquent : de l'azote, de l'acide phosphorique, de la potasse, de la chaux.

A l'encontre des engrais organiques qui sont en quelque manière des engrais complets réunissant tous ces principes en proportion d'ailleurs très variable, les engrais chimiques ou minéraux n'en apportent qu'un ou deux au plus ; mais les écarts de composition sont habituellement moins importants.

Engrais chimiques azotés. — Ils comprennent les sels ammoniacaux et les nitrates. Le tableau suivant fait connaître les teneurs en azote des produits commerciaux employés et des mêmes sels purs.

	AZOTE par 1,000 KILOG.	IL Y A EN OUTRE :
Azotate de soude pur....	k. 164,7	»
Id. du commerce....	156 à 159	»
Azotate de potasse pur...	138,6	k. 465,9 de potasse.
Id. du commerce....	122 à 137	413 à 461 Id.
Sulfate d'ammoniaque pur	212,1	»
Id. du commerce	172 à 211	»
Phosphate ammoniaco-magnésien............	100	500 d'acide phosphorique.

Les trois premiers sels sont très solubles dans l'eau. Le dernier est insoluble et son usage peu répandu, bien qu'on ait obtenu de très bons résultats dans des essais culturaux faits avec son concours.

Le carbonate d'ammoniaque, qui existe en dissolution dans les eaux de condensation des usines à gaz d'éclairage, peut être également utilisé comme engrais azoté; mais ses propriétés caustiques ne permettent de le répandre sur le sol qu'en dissolution très étendue. Son addition aux eaux d'irrigation des prairies pourrait donner de très bons résultats.

Engrais phosphatés. — Ce sont à peu près exclusivement des combinaisons d'acide phosphorique et de chaux. Les phosphates de chaux forment en certains points du globe des masses très considérables, dont l'exploitation apporte à la culture un précieux concours. La France est très bien partagée sous ce rapport, et elle renferme un grand nombre de gisements de phosphates livrés à une exploitation régulière.

Le phosphate de chaux naturel contient, avec une proportion variable de matières minérales associées, précisément le phosphate qui forme la substance principale du squelette osseux des animaux. On l'appelle *phosphate tricalcique* ; il est insoluble dans l'eau pure, très peu soluble dans l'eau chargée d'acide carbonique ou de matières salines.

Les divers phosphates naturels se présentent avec des textures très inégales, plus ou moins favorables à leur activité fertilisante.

Les phosphates cristallins ou *apatites*, que l'Espagne fournit en abondance, offrent une grande résistance aux actions chimiques, et par cela même, leur assimilabilité doit être très faible ; leur emploi direct pour la fumure des terres est peu recommandable.

Les *nodules*, exploités dans la Meuse, les Ardennes, le Pas-de-Calais, sont bien moins compactes et plus faciles à dissoudre dans les réactifs : aussi leur assimilabilité est beaucoup plus grande, et on peut la comparer à celle des phosphates d'os.

Les *phosphorites* du Quercy présentent une texture intermédiaire ; leur solubilité dans les acides faibles, et aussi leur activité culturale sont moindres que celles des nodules, mais bien plus grandes que celles des apatites.

L'aptitude fertilisante des phosphates naturels est étroitement liée à leur état de division; la *pulvérisation* très parfaite est éminemment favorable à leur bonne utilisation par les racines des plantes, et c'est une condition dont les agriculteurs doivent toujours avoir souci.

On a cherché à augmenter l'efficacité des phosphates naturels en les transformant en phosphates solubles dans l'eau. Quand on ajoute à du phosphate tricalcique une quantité convenable d'acide sulfurique, celui-ci se combine aux deux tiers de la chaux du phosphate pour former du sulfate de chaux (plâtre); il reste un phosphate soluble dans l'eau, qu'on appelle phosphate monocalcique; celui-ci demeure mélangé au plâtre et aux impuretés du phosphate primitif, plus ou moins modifiées par l'action propre de l'acide sulfurique. La matière ainsi obtenue a reçu le nom de *superphosphate*.

Par le fait de réactions secondaires qui se produisent après la fabrication, une partie du phosphate monocalcique se combine avec de la chaux pour donner un nouveau phosphate insoluble dans l'eau comme le tribasique, mais soluble dans le citrate d'ammoniaque; c'est le phosphate bibasique.

Les superphosphates contiennent donc d'ordinaire :

1° Du phosphate monocalcique soluble dans l'eau;

2° Du phosphate bicalcique, soluble dans le citrate d'ammoniaque;

3° Du phosphate tribasique primitif qui a échappé à la transformation.

4° Du plâtre, etc.

Les apatites, peu utilisables pour la fumure directe des terres, servent surtout à produire des superphosphates.

L'industrie chimique produit aussi de grandes quantités de phosphate bicalcique, sous le nom de *phosphates précipités*, ainsi appelés parce qu'ils sont produits au sein d'un liquide, en poudre très ténue. Le phosphate bicalcique, soluble dans le citrate d'ammoniaque, y est toujours accompagné d'une certaine dose de phosphate tricalcique, analogue au phosphate naturel, mais à l'état très divisé.

Depuis plusieurs années, la métallurgie pratique pour la *déphosphoration* des fontes un procédé imaginé par MM. Thomas et Gilchrist; les scories qui proviennent de ce traitement sont riches en acide phosphorique et chaux, et peuvent, avec beaucoup d'avantages, être employées comme engrais phosphatés et calcaires. Le phosphate s'y trouve principalement sous forme tricalcique, mais dans un mode de division très favorable qui le rend en quelque manière comparable au phosphate précipité.

Les os d'animaux, pulvérisés soit à l'état frais, soit après calcination, constituent aussi de bons engrais phosphatés. Le noir animal provenant des sucreries et raffineries est aussi d'un emploi très fréquent; comme les os frais, il apporte une certaine dose d'azote organique.

Le tableau suivant fait connaître la richesse de divers engrais phosphatés; il indique la teneur totale en en acide phosphorique, ainsi que la proportion pouvant être dissoute dans le citrate d'ammoniaque. Les nombres se rapportent à 1000 kilogrammes de matière.

NATURE du PRODUIT.	ACIDE phosphorique TOTAL.	ACIDE PHOSPHORIQUE soluble dans le citrate d'ammoniaque.	LE PRODUIT CONTIENT EN OUTRE
	k.		
Phosphate tribasique pur...	458	0	»
Nodules des Ardennes......	160 à 220	0	»
Nodules de l'Yonne........	140 à 180	0	»
Nodules du Pas-de-Calais...	200 à 300	0	»
Nodules de la Haute-Saône	290 à 330	0	»
Apatites d'Espagne........	190 à 390	0	»
Apatites de Norvège.......	385 à 420	0	»
Phosphorites du Lot........	230 à 400	0	»
Sables phosphatés (Somme).	270 à 360	0	»
Craies phosphatées de l'Oise.	105 à 300	0	»
Cendres d'os..............	350 à 400	0	»
			k. k.
Os frais..............	210 à 220	0	40 à 45 d'azote.
Noir animal de sucreries....	300 à 340	0	traces d'azote.
Id. de raffineries.........	250 à 300	0	15 à 20 d'azote.
		k.	
Phosphate bicalcique pur...	462	462	»
Phosphates précipités......	250 à 450	220 à 420	»
Superphosphates.	....	100 à 220	»
Scories de déphosphoration.	70 à 200	20 à 100	»
Phosphate ammoniaco-magnésien..	500	.. ..	100 d'azote.

Les engrais phosphatés apportent en même temps que l'acide phosphorique des doses élevées de chaux, capables de rendre de grands services à la nutrition végétale; les scories de déphosphoration en renferment jusqu'à 400 kilogrammes par tonne, et leur application peut facilement équivaloir à un chaulage proprement dit.

Engrais potassiques. — La plupart des sels de potasse employés en agriculture sont solubles dans l'eau; l'emploi des silicates, peu ou point solubles, a jusqu'à présent été très restreint.

Nous donnons ci-dessous les richesses en potasse des principaux produits[1].

NATURE du PRODUIT.	RICHESSE en potasse pour 1,000 kil.	LE PRODUIT CONTIENT EN OUTRE :
Carbonate de potasse pur.	k. 681,6	»
Potasse brute (carbonatée).	115 à 365	»
Chlorure de potassium pur.	631	»
Id. du commerce....	440 à 600	»
Sulfate de potasse pur....	540,7	»
Id. du commerce......	514 à 378	»
Nitrate de potasse pur.....	465,9	k. 138,6 d'azote.
Id. du commerce......	413 à 461	122 à 137 d'azote.

Le carbonate de potasse est peu employé à cause de son prix élevé et de sa causticité[2]. Le sulfate de potasse paraît préférable au chlorure, bien qu'il fournisse la potasse à un taux plus élevé ; il est probable que l'acide sulfurique qu'il renferme, intervient utilement dans la nutrition des récoltes.

Engrais calcaires. — L'utilité des amendements calcaires est double ; ils doivent non seulement assurer l'alimentation calcaire des récoltes, mais il faut en outre, dans bien des cas, qu'ils mettent ou conservent

1. Le chlorure de potassium ne renferme pas à vrai dire de potasse, puisqu'il ne contient pas d'oxygène ; mais il équivaut à une certaine dose de potasse, qui se trouve inscrite au tableau.

2. L'emploi du carbonate de potasse a, dans ces derniers temps, été spécialement préconisé par M. G. Ville pour la culture de la vigne.

le sol dans un état favorable à la nitrification des matières azotées. Pour atteindre le premier but, on peut se servir indifféremment de n'importe quel composé calcaire; le *sulfate de chaux* ou plâtre paraît très favorable dans ces conditions. Le plâtre pur non cuit, contient par 1,000 kilogrammes, 325kil6 de chaux. Le plâtre crû du commerce, en renferme seulement de 250 à 280 kilogrammes.

Pour que dans la terre arable, la nitrification des principes azotés, puisse se produire, il faut nécessairement qu'elle contienne une certaine quantité de *carbonate de chaux* ou calcaire libre. Si cette condition n'est pas réalisée, il faut introduire ce calcaire; l'addition de plâtre ne produirait aucun effet. Il faut mélanger à la terre, aussi parfaitement que possible, du carbonate de chaux très divisé. Ce résultat peut être atteint de diverses manières.

Chaulage. — On peut se servir de *chaux vive*, cuite récemment, que l'on jette sur les champs à l'automne avant les labours; les fragments de chaux absorbent promptement l'humidité et l'acide carbonique de l'air et ne tardent pas à se déliter en un mélange pulvérulent de chaux éteinte et de carbonate de chaux. Le labour, soigneusement effectué, distribue cette matière dans le sol arable, où la combinaison avec l'acide carbonique achève de se produire. Le contact temporaire de la chaux éteinte avec les silicates complexes qui constituent la terre normale, paraît avoir une influence très heureuse sur leur désagrégation et leur changement en principes minéraux actifs.

Cette opération constitue le *chaulage*. On la pratique habituellement à la dose de 1,000 à 1,500 kilogrammes de chaux vive par hectare, et on la réitère tous les deux ans, jusqu'à ce que le sol contienne réellement du calcaire libre.

Il faut bien se garder de pratiquer pendant une même saison le chaulage d'un champ et sa fumure par des engrais animaux[1] ou des sels ammoniacaux; l'action de la chaux dégagerait l'ammoniaque en pure perte.

Marnage. — Une autre solution un peu différente est réalisée par l'emploi des *marnes*. On désigne sous le nom de marnes des roches assez communes dont la composition équivaut à un mélange de calcaire et d'argile. La proportion de calcaire y est très variable, et va depuis 10 jusqu'à 90 %. Elles sont toujours tendres, friables, et sont susceptibles de se déliter au contact de l'eau. Leur introduction dans le sol a pour effet principal de lui donner du calcaire, mais elle peut aussi améliorer beaucoup sa constitution physique, en diminuant la cohésion due à un excès d'argile.

Sur les côtes de la Manche, voisines du Mont-Saint-Michel, on recueille en grande quantité une sorte de vase marine, appelée *tangue*, qui est utilisée très heureusement pour l'amendement des terres pauvres en calcaire. Ces tangues constituent des engrais calcaires très actifs à cause de la ténuité de leurs particules ; la proportion de chaux y est de 129 à 260 millièmes; on y trouve en outre, un peu d'azote et des quantités assez importantes d'acide phosphorique qui augmentent encore leur valeur.

Le *merl* des côtes de Bretagne, qui est l'objet d'exploitations analogues, est encore plus riche en calcaire, mais plus pauvre en acide phosphorique. (Voir le tableau des engrais de la page 210.)

1. Y compris le fumier de ferme.

CHAPITRE XIV.

EMPLOI DES DIVERS ENGRAIS

Activité comparée des divers engrais. — Le mode d'action des différents engrais est très variable selon leur nature. Les uns sont immédiatement utilisables par la végétation des récoltes : ce sont les engrais rapides.

Les autres, au contraire, ne peuvent être assimilés que peu à peu, ce sont les engrais lents.

Engrais rapides. — Les engrais rapides produisent des effets immédiats, et l'amélioration du sol qui résulte de leur emploi, n'est donc qu'une amélioration temporaire de durée plus ou moins faible. La plupart des engrais chimiques, nitrates, sels ammoniacaux, sels de potasse, plâtre, peuvent être considérés comme tels, mais non les phosphates dont l'action est toujours un peu lente.

Le type des engrais rapides, est offert par les nitrates; ils doivent d'ailleurs être consommés de suite par les racines, sinon les eaux pluviales les entraînent en pure perte dans les profondeurs du sous-sol.

Les autres engrais rapides sont solubles à divers degrés ; mais les sels de potasse et d'ammoniaque se fixent, en général, avec une certaine énergie sur les particules de la terre arable, ce qui ne diminue guère leur assimilabilité, mais empêche leur déperdition par le drainage.

Engrais lents. — Tous les engrais organiques sont des engrais lents dont l'assimilabilité ne se produit qu'à la longue. Leur effet utile n'est pas immédiat, mais il se répartit sur une période plus ou moins longue. Ils sont en quelque sorte comparables à la réserve nutritive du sol. La fertilité qui résulte de leur emploi se distribue sur un certain nombre d'années d'autant plus grand que l'assimilabilité est plus faible.

L'activité des engrais lents est très inégale : elle dépend de leur nature et aussi de l'état de division de la matière qui les forme. La sciure de bois, employée comme litière, donne un fumier de ferme plus actif que les litières de paille, parce que la dissémination de la substance organique y est plus parfaite. Les engrais verts enfouis au printemps sont habituellement promptement nitrifiés, et leur utilisation par les récoltes est plus rapide que celle du fumier de ferme. Les tourteaux sont beaucoup plus actifs que les débris de cuir, de cornes, de plumes, de laine, engrais pourtant fort riches, mais dont la transformation en matières utilisables par les plantes n'intervient qu'avec une lenteur extrême.

La poudrette et le guano agissent presque aussi vite que les sels ammoniacaux : c'est que non seulement ils contiennent une forte proportion d'azote ammoniacal soluble, mais, en outre, leur état pulvérulent est éminemment favorable à leur activité nutritive.

La *nature du sol* influe beaucoup sur l'assimilabilité des engrais organiques azotés. Dans les terres dépourvues de calcaire, où les produits humiques acides existent en abondance, l'utilisation des matières organiques n'est pas possible ; les sels ammoniacaux eux-mêmes sont difficilement consommés par la culture. L'emploi des nitrates s'impose alors, à moins que par l'addition d'amendements calcaires on ne fasse cesser l'acidité du sol. Dans les terres normales mais fortement argileuses, le changement des engrais organiques en principes assimilables se fait avec lenteur et se répartit sur une longue période. Il a lieu, au contraire, avec une rapidité bien plus grande dans les sols très calcaires; la nitrification y est tellement active que l'effet des engrais lents est presque comparable à celui des engrais chimiques azotés; leur transformation est complète au bout de l'année, et il faut annuellement fournir une fumure nouvelle.

Les cultures intermittentes, qui n'occupent le sol que pendant une partie de l'année, profitent mal des engrais lents dont l'action est perdue pendant la période d'inculture. Au contraire, les *cultures permanentes*, telles que la vigne ou les arbres fruitiers, les utilisent mieux.

Phosphates.—Pour les phosphates, on a cru pouvoir établir une distinction analogue à celle qui précède. Les superphosphates, solubles dans l'eau, seraient à action rapide; les phosphates des os ou les phosphates naturels seraient, au contraire, des engrais lents; les phosphates précipités auraient une assimilabilité intermédiaire à cause de leur solubilité notable dans l'eau chargée de matières salines. Cette notion n'est pas justifiée; les phosphates, quels qu'ils soient, n'ont jamais une action immédiate, parce qu'en réalité aucun d'eux ne demeure soluble au sein de la terre.

Les superphosphates incorporés au sol y réagissent immédiatement sur les matières minérales qui s'y trouvent; de la chaux, de l'alumine, de l'oxyde de fer, se combinent à l'acide phosphorique en reproduisant du phosphate tricalcique insoluble ou d'autres phosphates non moins insolubles, qui contiennent avec la chaux, du fer, de l'alumine, etc. Si, par accident, cette transformation n'avait pas lieu, le contact du superphosphate libre serait funeste pour les racines végétales, qu'il corroderait par son acidité.

A vrai dire, les grandes différences d'assimilabilité des divers phosphates viennent, non pas de leur solubilité initiale avant l'épandage, mais principalement de leur état de division et de dissémination.

L'action chimique, qui change les superphosphates en phosphates insolubles fixés sur les particules terreuses, est éminemment favorable à leur bonne utilisation, puisqu'elle donne lieu à la formation de grains très ténus, parfaitement distribués dans la couche de sol arable; c'est la vraie raison des avantages obtenus souvent dans l'usage des superphosphates.

Mais on obtient des résultats tout à fait équivalents en ajoutant la même quantité d'acide phosphorique sous forme de phosphates précipités, dont la ténuité est également fort grande, à condition que les labours les mélangent soigneusement à la terre.

Les scories de déphosphoration, principalement formées de phosphate tricalcique, agissent presque aussi promptement que les phosphates précipités et les superphosphates.

Les phosphates d'os et les noirs d'os viennent après, mais l'emportent encore sur les phosphates naturels, qui présentent eux-mêmes de grandes inégalités.

Les phosphates amorphes des nodules pourraient sans doute produire des résultats comparables aux phosphates d'industrie, à condition d'être employés en poudre suffisamment ténue. Les agriculteurs doivent rechercher principalement les phosphates naturels finement pulvérisés. Sans aucun doute, l'emploi de fortes doses de ces phosphates serait plus avantageux que l'usage des superphosphates dont le prix est beaucoup plus élevé.

Les apatites de Norwège ou d'Espagne n'ont qu'une assimilabilité très faible, à cause de leur structure cristalline.

Quant aux phosphorites du Quercy, elles peuvent

donner des résultats excellents si elles sont répandues en poussière assez fine.

La supériorité des superphosphates est marquée surtout dans les terres calcaires ou siliceuses, dont ils modifient heureusement la constitution par suite de leur acidité; mais il faut soigneusement les écarter des sols où le calcaire fait défaut.

On doit également se garder de les répandre en même temps que des nitrates; l'acide libre des superphosphates pourrait attaquer ceux-ci et décomposer leur acide nitrique en produits gazeux, qui seraient perdus sans profit.

Épandage des engrais. — Les engrais doivent toujours être mélangés aussi parfaitement que possible à la couche arable tout entière. C'est une pratique vicieuse dans la viticulture de répandre les fumures seulement autour du pied de chaque cep[1]; les racines, distribuées tout autour, cherchent leur nourriture principalement au-dessous de l'espace libre entre les ceps.

Pour les engrais solubles, nitrates, sels ammoniacaux, sels de potasse, on se borne à les répandre régulièrement sur la surface des champs. L'action des pluies les amène facilement dans l'intérieur du sol. La saison la plus favorable à leur bonne utilisation est le printemps ou la fin de l'hiver. On évite ainsi les pertes dues au lavage prolongé de la terre par les pluies hivernales. C'est vers la fin du mois de février qu'on distribue d'ordinaire les nitrates aux prairies ou aux vignes, ainsi que les sels ammoniacaux.

Pour les céréales, il convient d'attendre mars ou avril; l'aspect des récoltes donne à ce moment des in-

1. Sauf pour les vignes très jeunes, dont le système radiculaire est encore peu développé.

dications précieuses, la teinte jaunâtre des feuilles provenant d'un défaut d'azote.

Les sels de potasse et d'ammoniaque pourront également, dans certains cas, être répandus à l'automme un peu avant les semailles.

Les engrais organiques insolubles, ainsi que les engrais phosphatés, doivent être répandus avant les labours d'automne, dont l'action doit les incorporer soigneusement à la couche arable.

Calcul des doses d'engrais. — Les fumures ont pour but d'ajouter à la terre d'un champ une dose suffisante de principes nutritifs nécessaires, azote, acide phosphorique, potasse, chaux. Ce résultat peut être atteint de bien des façons, soit par l'emploi d'engrais organiques mixtes, soit par l'usage des engrais chimiques, employés seuls ou combinés avec des engrais organiques.

Supposons qu'on veuille introduire sur chaque hectare un poids P kilogrammes d'azote, par exemple, en se servant d'un certain engrais. La composition de cet engrais est indiquée soit par une analyse faite exprès, soit approximativement par les tableaux cités précédemment; on trouve que 1,000 kilogrammes de matière renferment N kilogrammes d'azote. Pour connaître la dose d'engrais qu'il faut employer, un calcul très simple suffit : on doit multiplier 1,000 kilogrammes par le nombre P, et diviser le produit par le nombre N.

Par exemple, dans la culture du froment, sur une terre de fertilité moyenne, on propose de fournir au sol par hectare :

70	kilogrammes	d'azote,
65	—	d'acide phosphorique,
70	—	de potasse,
100	—	de chaux,

On veut se servir de fumier de ferme, aidé, si besoin est, d'engrais chimiques. L'azote devra être apporté tout entier par le fumier,

En l'absence d'analyses spéciales, on devra se contenter d'attribuer au fumier une composition moyenne, par exemple pour 1,000 kilogrammes :

5kg d'azote,
3 5 d'acide phosphorique,
6 de potasse,
7 de chaux.

Les proportions de chaux et de potasse dépendent beaucoup de la nature des sols dont les récoltes ont nourri le bétail producteur du fumier et formé les litières. L'abondance ou la rareté de ces principes dans les terres accroît ou diminue la richesse du fumier en ces éléments.

Pour fournir par hectare 70 kilogrammes d'azote il faudra prendre $\frac{1000 \times 70}{5}$ kilogrammes de fumier, soit 14000 kilogrammes par hectare.

Cette dose renferme :

49 kilogrammes d'acide phosphorique,
84 — de potasse,
98 — de chaux.

Il n'y aura donc à fournir ni potasse, ni chaux, mais seulement 16 kilogrammes d'acide phosphorique. Pour les donner, on se servira par exemple de scories de déphosphoration vendues avec un titre garanti de richesse phosphorique, soit 17 %. 1,000 kilogrammes contiennent donc 170 kilogrammes d'acide.

Les 16 kilogrammes nécessaires seront contenus dans $\frac{1000 \times 16}{170}$ kilogrammes ou 94 kilogrammes de scories. Notons en passant que la dose de chaux se trouvera ainsi beaucoup accrue.

La fumure se composera donc par hectare de 14,000 kilogrammes de fumier de ferme, auquel on mélange intimement pendant l'épandage 94 kilogrammes de scories de déphosphoration bien pulvérisées.

Si on pratique un assolement triennal, on aura des avantages à appliquer au début de la période, avant la culture sarclée, la totalité des fumures, soit par hectare 42,000 kilogrammes de fumier de ferme additionnés de 282 kilogrammes de scories phosphoreuses.

La même fumure annuelle réalisée avec du nitrate de soude (à 157 millièmes d'azote), avec des scories de déphosphoration (à 170 millièmes d'acide phosphorique), avec du sulfate de potasse (à 450 millièmes de potasse) aurait exigé :

446 kilogrammes de nitrate,
383 — de scories [1],
156 — de sulfate.

soit un poids total de 985 kilogrammes au lieu de 14,094 dans l'emploi de fumier de ferme. L'économie de transport et de manutention est loin d'être négligeable.

Valeur commerciale des engrais — La valeur commerciale des engrais est évaluée d'après leur richesse en principes nutritifs, azote, acide phosphorique, potasse. Le prix du kilogramme d'élément utile est d'ailleurs assez variable, et se modifie d'un point à un autre à cause des frais de transport ; en un même lieu, les cours changent souvent, par suite des nécessités agricoles, et aussi par le fait de spéculations purement commerciales.

Engrais azotés. — En général, il convient d'attri-

1. Elles apportent la chaux nécessaire.

buer à l'*azote minéral* des nitrates ou des sels ammoniacaux, une valeur plus élevée qu'à l'*azote organique* dont l'effet est d'ordinaire plus lent et dont l'usage conduit par conséquent à une certaine immobilisation de capital. L'écart entre les valeurs assignées doit être d'autant plus faible que l'engrais organique est plus actif. Les cours commerciaux ne ratifient pas toujours cette appréciation, et parfois l'azote des matières organiques, plus recherché par les habitudes agricoles pour certaines cultures, est vendu à un taux exagéré, notablement supérieur à celui de l'azote minéral.

Quant à l'*azote nitrique* et à l'*azote ammoniacal*, ils possèdent des aptitudes fertilisantes peu différentes, et bien que certains agronomes préfèrent de beaucoup les nitrates, leurs cours sont peu différents.

Phosphates. — Le prix du kilogramme d'acide phosphorique est très différent selon la nature des phosphates qui le fournissent : l'*acide phosphorique qui est soluble dans le citrate d'ammoniaque* et forme la majeure partie de l'acide des superphosphates et des phosphates précipités, se vend à un cours au moins trois fois plus élevé que l'acide insoluble des phosphates naturels. L'acide phosphorique des os et du noir animal, et celui des scories de déphosphoration possèdent une valeur commerciale intermédiaire.

Dans ces conditions, au lieu de donner à la terre une fumure moyenne de phosphates précipités ou de superphosphates, il serait, la plupart du temps, préférable de lui donner pour le même prix un poids triple d'acide phosphorique à l'état de phosphate naturel. L'effet immédiat sera *peut-être* moins parfait, mais la fertilité de la terre se trouvera accrue pour les années suivantes dans une forte proportion.

Engrais potassiques. — C'est dans le *chlorure de potassium* que la potasse est habituellement fournie aux meilleures conditions ; néanmoins on donne en général la préférence au *sulfate de potasse*, qui paraît mieux convenir pour la fertilisation des sols[1]. Quant à la pôtasse fournie par le nitrate de potasse, elle revient encore plus cher, et son emploi est assez restreint.

Engrais calcaires. — La valeur des engrais *calcaires*, plâtre, chaux, marne, est toujours beaucoup moindre, et pour cette raison, elle est sujette à varier beaucoup, selon les conditions d'extraction et de transport.

Nous donnons ci-dessous, à titre d'indications qui ne sauraient avoir rien d'absolu, les cours des divers principes utiles, tels qu'ils étaient indiqués pendant l'année 1889, dans les mercuriales agricoles du midi de la France.

Azote ammoniacal.......... (le kilogramme)	1f 65 à 1f 90
— nitrique..............................	1 45 à 1 85
— organique..............................	1 20 à 2 00
Acide phosphorique soluble (dans le citrate). .	0 55 à 0 75
— insoluble naturel........	0 15 à 0 35
— — organique......	0 30 à 0 55
Potasse du chlorure.........................	0 40 à 0 45
— du sulfate ou du nitrate..........	0 45 à 0 55

L'azote est de beaucoup le principe le plus cher ; il faut donc apporter une économie rigoureuse dans la distribution des engrais azotés, et utiliser le plus possible la fixation de l'azote atmosphérique par les cultures de légumineuses fourragères.

Calcul de la valeur des engrais. — Le prix des unités de principes fertilisants permet de calculer immédiatement la valeur des engrais chimiques. Soit, par exemple, à évaluer un nitrate de potasse (salpêtre), ayant un titre garanti de 12 ½ à 13 % d'azote nitrique,

[1] Voir page 223.

et de 44 à 46 % de potasse. Prenant les limites inférieures, nous trouvons dans 100 kilogrammes :

12kg5 d'azote nitrique, supposé au cours de 1 fr. 50, soit.................................... 18f 75
Et, en outre, 44 kilogr. de potasse supposée au cours de 0 fr. 50, soit........................ 22 »

Au total........................ 40f 75

pour la valeur du quintal métrique du produit.

Pour les engrais organiques complexes qui contiennent à la fois les divers éléments fertilisants, on évaluera leur valeur réelle en additionnant les valeurs de chacun des éléments qui y figurent. Dans cette appréciation, il n'est pas tenu compte de la chaux à cause de sa valeur minime. En général, l'analyse seule pourra renseigner exactement sur la richesse des matières organiques, guanos, poudrettes, débris d'animaux, tourteaux, etc.

Valeur du fumier de ferme. — Proposons-nous, par exemple, d'évaluer aux cours ci-dessus, le fumier de ferme. En moyenne, 1,000 kilogrammes de fumier frais contiennent :

5	kilogrammes	d'azote,
3,5	—	d'acide phosphorique,
6	—	de potasse.

L'azote est en partie à l'état ammoniacal, en partie à l'état organique : nous aurons donc une évaluation peu favorable en prenant 1 fr. 30 pour le prix du kilogramme. L'acide phosphorique se trouve sous un état très assimilable, au moins comparable à celui des os; nous prendrons 0 fr. 40 comme valeur. Quant à la potasse, elle se trouve dans une forme presque aussi active que le chlorure, et nous pouvons lui assigner un prix identique, soit 0 fr. 40.

1,000 kilogrammes de fumier renferment donc :

6fr50 d'azote,
1 40 d'acide phosphorique,
2 40 de potasse,

Soit au total :

10fr30 de principes utiles.

La matière organique carbonée, dont les effets sont si précieux pour la formation de la matière humique, est laissée de côté dans cette estimation. Mais sa valeur pourra compenser et au-delà les frais supplémentaires de transport qu'entraîne la masse considérable du fumier de ferme.

Dans ces conditions, un tel fumier offert à 8 francs la tonne de 1,000 kilogrammes, serait avantageux pour la culture des céréales, mais il cesserait de l'être à 12 francs. Les agriculteurs qui achètent du fumier d'écurie ont un grand intérêt à faire de telles comparaisons.

Dans la poudrette, le guano, l'assimilabilité est fort grande, et pour apprécier leur valeur, on adoptera utilement les prix d'unités, correspondant à l'azote ammoniacal et à l'acide phosphorique soluble. Mais, pour ces engrais, une analyse spéciale indiquant le titre est absolument nécessaire.

Engrais complets du commerce. — Le commerce vend fréquemment sous le nom d'*engrais complets*, des engrais constitués par un mélange variable de matières azotées animales, de divers phosphates, de sels de potasse solubles. La valeur marchande de ces produits est le plus souvent, notablement supérieure à la valeur réelle des substances utiles qu'ils renferment et qui n'en constituent parfois qu'une faible part, $\frac{1}{10}$ et même moins ; le reste est formé de matières inertes inutiles, terre, brique pilée, sciure de bois, et les frais de transport se trouvent ainsi accrus sans profit. De tels engrais ne doivent jamais être achetés sans garantie de titre, et il ne faut pas que leur valeur pratique surpasse leur valeur vraie calculée comme nous l'avons montré, au moyen des cours en usage.

En général, il est plus avantageux pour le cultivateur de se procurer des engrais chimiques définis ou des matières organiques connues, dont la composition et l'homogénéité peuvent être facilement vérifiées. Le mélange convenable de ces matières est réalisé aisément, et la légère augmentation de main-d'œuvre qu'elle nécessite. se trouve largement compensée par une forte économie des prix d'achat.

Choix des engrais. — Quant au choix des engrais eux-mêmes, il est absolument impossible de fixer une règle à ce sujet. Les engrais organiques sont parfois offerts à des prix très peu élevés, qui en rendent l'emploi très économique, et doivent les faire adopter. Tout ce qu'on peut dire en général, c'est que, à valeur égale des principes utiles, il est préférable de se servir des engrais chimiques, dont l'effet est plus régulier et plus facile à diriger. Avec eux, on peut se borner à donner à la terre les éléments nutritifs qui lui font défaut, sans fournir en même temps ceux qu'elle possède en abondance, et dont elle n'a pas besoin. La masse plus petite des engrais chimiques diminue les frais de transport et d'épandage.

Produire le plus possible, mais le plus économiquement possible, tel est le double but qu'on doit s'efforcer d'atteindre : c'est le problème fondamental de la science agronomique ; il varie à l'infini selon la fertilité des terres, les prix de vente des récoltes et du bétail, la valeur commerciale des engrais. Pour chaque cas particulier, la chimie agricole en précise les conditions et permet d'arriver à une solution exacte.

NOTES

NOTE I.

PRISE D'ÉCHANTILLONS DE TERRE.

Dans toutes sortes d'analyses agricoles, qu'il s'agisse de l'analyse physique ou de l'analyse chimique complète d'une terre, la *prise d'échantillons* a une importance capitale. Si elle est effectuée sans précautions, le travail analytique pourra ne fournir aucun résultat utile. Nous donnerons à ce sujet quelques indications.

La nature du sol varie quelquefois beaucoup dans un espace restreint : au penchant des collines, au voisinage du lit des rivières, ces changements sont extrêmement fréquents, et à moins de cent mètres de distance, on voit par exemple le sable presque par succéder à l'argile.

Quand on veut examiner la terre d'un domaine ou même d'un champ, il faut s'assurer tout d'abord que le domaine ou le champ sont identiques sur toute leur surface. S'ils ne le sont pas, il faut les subdiviser en autant de parties qu'il y a de variations réelles, et sur chaque lot prélever à part des échantillons. Un des meilleurs moyens de constater ces différences consiste à examiner les récoltes, qui offrent un développement uniforme, si les diverses portions du champ se ressemblent.

Ceci posé, on marque dans chaque lot de terrains un certain nombre de points, convenablement répartis sur sa surface (on en prend d'ordinaire une quinzaine par hectare). Sur chacun de ces points, on enlève soigneusement avec une pelle l'herbe et les débris végétaux. Puis on pratique à la bêche une tranchée verticale ayant environ 50 centimètres de longueur, 40 centimètres de profondeur, 30 centimètres de largeur. Sur le bord de cette tranchée on découpe avec la bêche un prisme de terre, dont la base inférieure se trouve à 25 centimètres de la surface du sol, limite ordinaire de la couche arable : on enlève ce prisme et on le jette dans une brouette, où se trouveront réunis tous les paquets de terre ainsi prélevés sur le lot.

On les verse ensemble sur une bâche de toile, où on les mélange soigneusement à la pelle, et on prélève ensuite un échantillon de 3 ou 4 kilogrammes, qu'on emporte pour les analyses.

Pendant le mélange on écarte les cailloux dont le volume excède celui d'une noix, et on note approximativement leur proportion, relativement à la totalité de la terre.

On procéderait exactement de la même façon pour recueillir des échantillons du sol inerte et du sous-sol, en opérant les prélèvements à des profondeurs convenables.

Les terres meubles et peu cohérentes peuvent s'échantillonner en tout temps. Les terres argileuses ne s'y prêtent que dans un état moyen d'humidité ; sèches, elles sont trop dures ; mouillées elles sont trop pâteuses, et les paquets ne peuvent pas bien se mélanger. D'une manière générale il sera bon de prendre les échantillons pendant une période sèche d'une saison humide.

NOTE II.

MÉTHODE DE GASPARIN POUR L'ANALYSE PHYSIQUE DES TERRES.

La méthode n'exige qu'un outillage très simple, savoir une petite balance trébuchet avec poids, un tamis à mailles de laiton écartées de 1 millimètre, trois vases de verre à bec de $\frac{1}{4}$ de litre, de $\frac{1}{2}$ litre, de 2 litres, une baguette agitateur de verre ou de bois.

On laisse sécher à l'air pendant plusieurs jours une certaine quantité de terre (environ 2 kilogrammes).

Quand elle est suffisamment sèche, on en pèse $\frac{1}{4}$ kilogramme que l'on place dans une terrine avec de l'eau. Au bout de quelque temps, on délaie avec la main, de manière à obtenir une bouillie, que l'on verse sur le tamis ; on rince la terrine, de manière à tout réunir sur le tamis ; on continue à malaxer avec la main sous un mince filet d'eau, de manière à entraîner au travers des mailles toutes les particules fines. Au bout de quelque temps, il ne reste que le gravier sur la toile métallique ; on n'a plus qu'à le peser après dessiccation à l'air.

On prend ce qui reste de terre sèche, et on l'émiette autant que possible à la main, puis on la jette sur le tamis, et on obtient ainsi une certaine quantité de terre fine sèche. On en pèse exactement 10 grammes, qu'on place dans un vase de verre à bec de $\frac{1}{4}$ de litre, à moitié rempli d'eau ordinaire. On agite un peu avec une baguette de bois, et on laisse digérer pendant plusieurs heures. Puis avec la baguette, on agite vivement et circulairement ; quand le liquide a pris un mouvement gyratoire assez rapide, on le décante dans un vase de $\frac{1}{2}$ litre, avec toute la matière qu'il tient en suspension. Il reste au fond du premier vase un résidu, formé par les particules les plus grossières de la terre. On y ajoute de nouveau de l'eau, et on opère comme précédemment ; on répète les lavages jusqu'à ce que le liquide décanté soit clair. Le résidu final est séché, puis pesé, c'est le lot n° 1 ou *gros sable.*

Toutes les eaux de décantation ont été réunies dans le vase de $\frac{1}{2}$ litre : on les agite vivement et circulairement avec la baguette. Quand tout mouvement a cessé, on décante le liquide trouble, dans un vase de 2 litres. On ajoute de l'eau sur le précipité, on agite encore, et après repos, on décante dans le grand vase, et ainsi de suite jusqu'à ce qu'on ait atteint la limpidité du liquide surnageant. Le dépôt qui se trouve au fond du vase de $\frac{1}{2}$ litre est séché et pesé, c'est le sable fin, ou lot n° 2.

Les liqueurs troubles réunies dans le vase de 2 litres sont abandonnées au repos pendant vingt-quatre heures ; la matière fine qui y était suspendue se dépose : on la sèche et la pèse, c'est le lot n° 3 comprenant l'argile et l'impalpable. Son poids peut d'ailleurs se déduire par différence, en retranchant des 10 grammes de terre, la somme du poids des deux premiers lots. On peut donc arrêter l'opération après ces deux pesées; la troisième n'est qu'une vérification.

Pour déterminer le calcaire, on pèse de nouveau 10 grammes de terre fine desséchée, et on la délaie dans l'eau placée dans le vase de $\frac{1}{4}$ de litre, puis on ajoute de l'*acide chlorhydrique*, et on agite de temps en temps; le calcaire se dissout avec dégagement d'acide carbonique; quand celui-ci a cessé, même avec une nouvelle dose d'acide chlorhydrique, on laisse reposer, jusqu'à éclaircissement total de la liqueur. On décante avec précaution, on ajoute de l'eau, et on recommence sur le résidu les opérations de l'analyse physique décrites plus haut.

Exemple. — Dans une analyse ainsi pratiquée, on a trouvé :

Gravier par kilogramme.........	255 grammes.
D'où terre fine par kilogramme...	745 »
1er Lot, sable grossier............	4, 1
1e Lot, sable fin.................	2, 3
3e Lot, argile et impalpable......	3, 6 (par différ.)

Après attaque par l'acide chlorhydrique :

1er Lot, sable grossier non calcaire......	2gr4
2e Lot, sable fin non calcaire............	1, 6
3e Lot, argile et impalpable non calcaire..	2, 7 directement.

On déduit par différence :

Sable grossier calcaire.................	1gr7
Sable fin calcaire.......................	0 7
Impalpable calcaire......................	0 9

Ce qui donnera les résultats suivants rapportés à 1 kilogramme de terre sèche :

Nom vulgaire.				
Sable......	(1)	Gravier..........................	255	grammes.
	(2)	Sable grossier non calcaire..........	179	—
	(3)	Sable grossier calcaire............	127	—
	(4)	Sable fin non calcaire.............	119	—
Calcaire fin.	(5)	Sable fin calcaire.................	52	—
	(6)	Impalpable calcaire................	67	—
Argile......	(7)	Impalpable non calcaire. / Argile.................. } ensemble.	201	—
		Total...........	1,000	grammes.

La séparation totale de l'argile et du sable excessivement tenu, ne peut être réalisée par ce procédé. Mais comme le sable impalpable peut dans une certaine mesure remplir le rôle de l'argile, les indications ainsi obtenues sont fréquemment suffisantes. Le plus souvent on pourra se borner à la seule détermination du gros sable, et du sable fin, sans faire la distinction du calcaire. Si on veut des résultats précis, il faut s'adresser à la méthode de M. Schlœsing.

NOTE III.

MÉTHODE DE M. BRÉAL POUR LA RECHERCHE PRATIQUE DES NITRATES DANS LES EAUX.

Le réactif employé est le *sulfophénol*, qu'on peut aisément préparer soi-même en ajoutant à 4 parties d'acide sulfurique concentré pur 1 partie de phénol cristallisé et 2 parties d'eau pure. On place ce liquide dans un *flacon à toucher*, c'est-à-dire dans un flacon dont le bouchon à l'émeri se prolonge à l'intérieur du flacon en une longue pointe.

On place dans l'eau à examiner une bande de papier à filtre blanc bien pur, de manière à ce que 1 centimètre de la bande émerge du liquide. Les nitrates contenus dans l'eau ne tardent pas à s'accumuler sur ce bout de papier où l'évaporation s'effectue rapidement. Après quinze heures, on coupe avec des ciseaux le sommet de la bande sur une longueur de 1 millimètre, on place ce fragment sur une assiette et, quand il est sec, on dépose dessus, avec la pointe du bouchon, une goutte de sulfophénol. Si l'eau contient des nitrates, il se manifeste immédiatement ou après quelques minutes une coloration rouge sang. Comme contrôle, on peut sur la place teinte en rouge ajouter une goutte d'ammoniaque qui produit une teinte bleue ou verte.

La méthode est très sensible, et accuse déjà l'acide nitrique dans une eau qui en a $\frac{1}{4}$ de milligramme par litre. Elle permet de reconnaître facilement que l'eau de drainage des champs labourés contient des nitrates, qu'il y en a moins dans celle des prairies, qu'il n'y en a pas dans celle des forêts.

NOTE IV.

MÉTHODE SIMPLE POUR DOSER LE CALCAIRE ACTIF DANS LES TERRES ARABLES.

Le principe de la méthode instituée par M. de Mondésir est très simple : dans un vase fermé, incomplètement rempli par une dissolution d'un acide peu énergique, on introduit un poids connu de terre. L'expérience étant bornée à un temps limité, l'acide attaque seulement toutes les particules fines de calcaire, ainsi que la surface des gros fragments : il se dégage une quantité corrélative d'acide carbonique, qui en partie se dissout dans le liquide, en partie se mélange à l'air du flacon dont il accroît la tension. Si on agite fortement *le système, l'équilibre de répartition du gaz carbonique* entre l'air et le liquide, ne tarde pas à être atteint. Or, pour un vase déterminé, renfermant toujours la même quantité d'eau à la même température, la dose d'acide carbonique répandue dans l'air du vase est proportionnelle à la dose totale et, par conséquent, cette dernière peut être mesurée par l'accroissement de la tension du gaz.

M. de Mondésir évalue la variation de cette tension au moyen d'un petit manomètre à eau dont le réservoir est constitué par une vessie de caoutchouc immergée dans le liquide : quand la pression augmente dans le flacon, les parois de la vessie s'affaissent et l'eau s'élève verticalement dans un tube étroit.

Dans la pratique, l'usage de la vessie offre plusieurs inconvénients : le remplissage du manomètre avec sa vessie est assez délicat; en outre, la vessie est fragile et se rompt fréquemment par l'agitation trop violente; parfois il s'y développe de légères fissures qui laissent suinter lentement le liquide manométrique, ce qui fausse tous les résultats.

M. Ad. Couzi, préparateur à la Faculté des Sciences de Toulouse, a substitué à l'appareil de Mondésir un appareil beaucoup plus simple, dont l'exactitude pratique est aussi satisfaisante. Il se compose d'un flacon ordinaire de verre A ayant une capacité d'environ 600 centimètres cubes; le goulot est fermé par un bouchon de caoutchouc D percé de deux trous où s'engagent deux tubes de verre munis extérieurement de deux petits tubes de caoutchouc. L'un de ces derniers est fermé par une pince à ressort E dite pince de Mohr; l'autre est relié au manomètre B. Les portions des deux tubes de verre qui s'engagent dans le flacon sont terminées en biseau et portent chacune un petit trou pratiqué à quelques centimètres de l'extrémité. Grâce à cette forme spéciale, le liquide peut être agité violemment sans jamais se fixer dans les tubes et pénétrer dans le tube manométrique[1]. Celui-ci se compose d'un étroit tube de verre, ayant 2 à 4 millimètres de diamètre, recourbé en deux branches verticales parallèles inégales[2], qui demeurent fixées sur une planchette verticale graduée en cen-

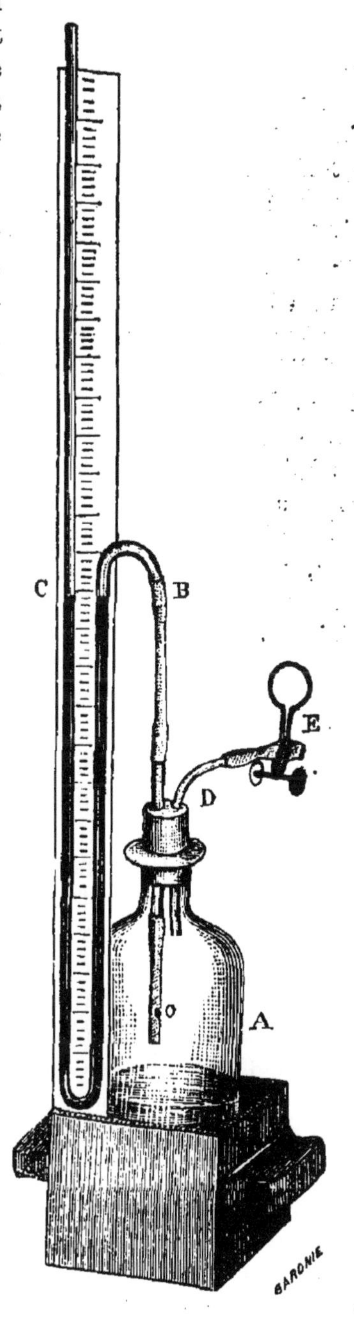

1. On peut encore simplifier en remplaçant les tubes spéciaux par des tubes droits, dont l'extrémité inférieure reçoit un petit bout de tube de caoutchouc O, ayant environ 4 centimètres, et sur lequel on a d'un coup de ciseau pratiqué un petit trou à 2 centimètres de l'extrémité.

2. Un dispositif encore plus simple consiste à former le manomètre de deux tubes de verre droits, dressés parallèlement, et reliés inférieurement par un tube de caoutchouc.

timètres ; la plus longue branche a 60 centimètres environ.

Pour la commodité de l'opération, le flacon se trouve encastré dans une petite boite de bois où le flacon pénètre à peu près au quart de sa hauteur ; cette boite est munie de deux poignées qui permettent d'agiter fortement le liquide intérieur. On peut à volonté fixer sur la boite la planchette du manomètre.

Mode opératoire. — On remplit le manomètre C B par aspiration, avec de l'eau colorée, de telle manière que le niveau commun des deux branches soit à peu près à la moitié de la plus longue ; on verse dans le flacon une certaine quantité d'eau, toujours la même, mesurée par exemple dans une fiole d'environ 100 centimètres cubes : il faut éviter de prendre de l'eau riche en calcaire et se servir d'eau distillée, ou à défaut de celle-ci, d'eau de pluie. On bouche le flacon, et on agite de manière à bien aérer l'eau.

On ajoute 1 décigramme de carbonate de chaux précipité pur, puis 6 à 8 décigrammes d'acide tartrique pulvérisé enveloppé dans un peu de papier à filtre. On rebouche aussitôt et on appuie sur la pince pendant un instant très court pour rétablir dans l'intérieur du flacon la pression atmosphérique, indiquée par l'égalité des niveaux dans le manomètre.

Puis on agite fortement : l'acide tartrique se dissout et transforme le carbonate en tartrate soluble et acide carbonique ; après une minute d'agitation, l'équilibre est atteint ; on mesure la différence de niveau dans les deux branches du manomètre : on trouve, par exemple, 28 centimètres [1].

L'appareil est alors taré : pour la même température et la même quantité d'eau, une dénivellation de 28 centimètres correspond à l'introduction de 1 décigramme de carbonate de chaux. Donc chaque centimètre de variation indique un poids de 0gr00357 de carbonate.

Ceci posé, pour essayer une terre peu calcaire, on vide le flacon et on le lave soigneusement, en ayant soin de le rem-

1. Si au lieu d'ajouter 1 décigramme de calcaire on avait ajouté 2 décigrammes, on trouverait une différence de niveau deux fois plus grande, soit 56 centimètres. M. Couzi a vérifié la proportionnalité par un grand nombre d'essais analogues.

plir entièrement pour expulser tout le gaz acide carbonique, puis on égoutte. On recommence l'opération en mettant, au lieu du carbonate de chaux, un poids connu de la terre à étudier, par exemple 50 grammes; on agite à plusieurs reprises pendant quelques minutes, puis on lit la différence de niveau, qui est par exemple de 4 centimètres. Si la température est restée la même, c'est que les 50 grammes de terre contenaient quatre fois 0gr00357 de carbonate de chaux, soit 0gr01428 ou par kilogramme 0gr2856, ce qui serait une teneur très faible.

Précautions. — Il faut soigneusement éviter tout échauffement ou refroidissement de l'appareil : on doit donc n'employer que de l'eau se trouvant à la température ambiante, éviter de toucher le flacon avec les mains pendant l'opération, et aussi de mouiller sa surface extérieure.

Si la température change, il faut recommencer pour cette nouvelle température le tarage de l'appareil.

NOTE V.

DÉCISIONS DU CONGRÈS INTERNATIONAL DE CHIMIE, TENU A PARIS DU 30 JUILLET AU 3 AOUT 1889, RELATIVEMENT AUX CONDITIONS DES ANALYSES DES TERRES.

Nous reproduisons, d'après les procès-verbaux officiels du Congrès, quelques-unes des décisions relatives aux analyses des terres.

Analyse chimique. — Pour la séparation du sable fin d'avec l'argile, on doit employer la méthode imaginée par M. Schlœsing, en se plaçant dans des conditions toujours identiques, savoir :

Quantité de terre à employer...........	10 grammes
Quantité d'eau............................	2 litres
Temps de repos du liquide...............	24 heures.

Dosage de l'azote. — Le dosage de l'azote par la chaux sodée, donne des résultats suffisamment exacts : l'influence des nitrates peut être négligée à cause de leur faible proportion dans le sol.

Le procédé de Kjeldahl donne des résultats constamment supérieurs, mais d'une quantité extrêmement faible, à ceux que fournit le procédé par la chaux sodée.

On peut employer indifféremment l'une ou l'autre de ces méthodes.

Acide phosphorique. — Il y a peu d'intérêt au point de vue pratique à distinguer, dans l'acide phosphorique total, celui qui est à un état immédiatement assimilable, et d'ailleurs *il est impossible d'y parvenir*. Le phosphate de fer finit par se dissoudre en quantité notable lorsqu'on traite la terre par l'acide acétique, par suite de la solubilité du phosphate de fer dans les sels organiques de fer. L'acide phosphorique provenant de ce phosphate est d'ailleurs utile à la végétation, bien qu'il ne soit que difficilement assimilable.

Potasse. — Afin d'obtenir des résultats comparables entre eux, on devra suivre pour le dosage de la potasse attaquable par les acides concentrés, la méthode primitivement proposée par M. de Gasparin, *attaque de la terre par l'eau régale bouillante, jusqu'à ce que le sable inattaqué soit parfaitement blanc.*

Chaux. — Il faut distinguer dans les analyses entre la chaux totale et la chaux carbonatée. Le dosage de la chaux totale peut être effectué par les procédés ordinaires, sur la solution préparée en vue du dosage de la potasse. Quant à la chaux carbonatée, il convient de la doser au moyen de l'appareil de M. de Mondésir, en déplaçant l'acide carbonique soit par l'acide tartrique, si on ne veut doser que le carbonate pulvérulent, soit par l'acide chlorhydrique, si on veut doser la totalité du carbonate, pulvérulent ou conglomérats.

Degré de finesse qu'il convient de donner à la terre pour l'analyse. — Pour doser la potasse on devra porphyriser la terre aussi finement que possible, et la tamiser au tamis n° 60 (60 fils par pouce) : dans ces conditions on obtient une attaque complète en deux heures.

De même pour le dosage de l'azote par la chaux sodée.

La terre tamisée devra être desséchée à 100 degrés pour le dosage de l'eau.

NOTE VI.

FORMULES PRATIQUES D'ENGRAIS POUR DIVERSES CULTURES.

On a vu dans le chapitre XI qu'il n'est pas possible de poser des règles absolues pour l'application des engrais, puisque ceux-ci dépendent directement de la richesse de chaque champ en principes fertilisants. On peut néanmoins donner quelques indications générales applicables à des terres uniformément médiocres, et n'ayant aucun défaut grave, comme le sont un grand nombre de champs livrés depuis longtemps à une culture régulière avec insuffisance de fumures.

Le tableau suivant donne en kilogrammes par hectare les doses de matières fertilisantes qui doivent être données selon les indications développées dans le cours de ces leçons :

	AZOTE.	ACIDE phosphorique.	POTASSE.	CHAUX.
	k.	k.	k.	k.
Blé....	65 (Amm).	65	50	200
Avoine, orge, seigle.	40	60	60	200
Pommes de terre ou topinambours	40	50	100	180
Betteraves.........	65	70	100	150
Maïs (grains)......	25	100	80	200
Maïs (fourrage)	40	150	120	300
Navets............	70	60	90	200
Colza.............	70	70	90	200
Trèfle............. Luzerne .... Sainfoin.	0	60	100	200 (sulfate).
Prairies naturelles sèches [1]..........	0	40	60	120
Prairies naturelles irriguées [1]......	0	60	100	200
Vignes maigres.....	20	30	40	100
Vignes luxuriantes..	0	35	60	100

Quand le sol est *très calcaire*, ce que l'on reconnait, parce qu'il donne une très vive effervescence avec l'acide chlorhydrique, on doit se dispenser d'ajouter spécialement du calcaire par la fumure.

Sur *défrichements* de bois ou de landes, où le sol est riche à la fois en azote et en potasse, on pourra supprimer l'azote et la potasse de l'engrais, ou du moins en réduire beaucoup la dose. Il y aura alors avantage, si le sol n'est pas calcaire, à faire de grands apports d'amendements calcaires.

Les doses fertilisantes inscrites au tableau peuvent être réalisées d'une infinité de façons au moyen des engrais chimiques et organiques, mais plus aisément au moyen des engrais chimiques.

1. Si les feuilles sont jaunes, on distribue 20 à 30 kilogrammes d'azote ammoniacal.

Quand on se servira de *phosphates naturels*, il y aura intérêt à en employer des quantités notablement supérieures à celles indiquées par la table précédente, l'effet utile de ces phosphates ne se produisant habituellement qu'après un temps beaucoup plus long.

TABLE ALPHABÉTIQUE

DES PRINCIPAUX CORPS SIMPLES OU COMPOSÉS QU'ON UTILISE EN AGRICULTURE.

Acide acétique (formé de carbone, hydrogène, oxygène). — Liquide volatil, incolore, de saveur très acide, d'odeur piquante; se produit dans l'oxydation de l'alcool par l'oxygène de l'air sous l'action d'un ferment spécial. Le *vinaigre* est formé principalement d'acide acétique mélangé d'eau. L'union de l'acide acétique avec les oxydes donne naissance à des sels solides, les *acétates*. L'*extrait de Saturne* est une dissolution d'un acétate de plomb. Le *verdet* est un acétate de cuivre.

Acide carbonique (carbone, oxygène). — Gaz incolore plus lourd que l'air, d'odeur piquante, incapable d'entretenir les combustions et la respiration de l'homme et des animaux, qui seraient asphyxiés dans une atmosphère trop riche en acide carbonique. C'est le produit principal de la combustion du charbon : il se forme dans la putréfaction des matières végétales et animales. Il se dégage en grande quantité pendant la fermentation alcoolique. Il existe abondamment dans l'eau de Selz et dans les vins mousseux.

Acide chlorhydrique (hydrogène, chlore). — Gaz incolore, fumant, très soluble dans l'eau. On désigne habituellement sous ce nom sa dissolution concentrée dans l'eau, liquide fumant, incolore ou jaunâtre, doué de propriétés acides énergiques, peu corrosif, vulgairement nommé *esprit de sel*, qui dissout rapidement le fer et le zinc,

Acide oxalique (carbone, hydrogène, oxygène). — Solide blanc cristallisé, existe en dissolution dans beaucoup de sucs végétaux, principalement dans l'oseille, où il est partiellement combiné avec la potasse, sous forme de *sel d'oseille,* utilisé pour le blanchissage. L'acide oxalique et les oxalates sont très vénéneux.

Acide nitrique ou **azotique** (azote, oxygène). — Sa dissolution *aqueuse concentrée* est vulgairement appelée *eau forte*: liquide incolore ou jaune rougeâtre, acide très énergique, extrêmement corrosif, qui tache la peau en jaune et la désagrège; il attaque tous les métaux usuels, à l'exception de l'or.

Acide phosphorique (phosphore, oxygène). — Solide blanc floconneux, très avide d'humidité, qui se produit par la combustion du phosphore. La dissolution aqueuse concentrée est un liquide acide corrosif, qui se trouve fréquemment en certaine dose dans les superphosphates.

Acide sulfhydrique ou **hydrogène sulfuré**. — (Hydrogène, soufre.) — Gaz incolore, d'une odeur désagréable qui rappelle les œufs pourris. Il existe en petite quantité dans les eaux thermales dites sulfureuses, et se forme très fréquemment dans la décomposition des matières animales ou végétales qui contiennent du soufre; en particulier, il se dégage abondamment des fosses d'aisance en même temps que l'ammoniaque. C'est un gaz très vénéneux et très dangereux à respirer à dose un peu forte.

Acide sulfureux. — (Soufre, oxygène.) — Quelquefois appelé *gaz du soufre*. Gaz incolore, d'une odeur suffocante, se produit dans la combustion du soufre. Il possède des propriétés antiseptiques remarquables, assez fréquemment mises à profit, en particulier pour le soufrage des tonneaux et aussi pour le *mutage* des vins blancs. Il possède un pouvoir décolorant assez marqué: ses dissolutions s'oxydent à l'air et se transforment peu à peu en dissolutions d'acide sulfurique absolument inodore.

Acide sulfurique. — (Soufre, oxygène.) — Sa combinaison avec l'eau est vulgairement nommée *huile de vitriol :* liquide huileux, lourd, incolore ou brunâtre, acide très énergique, ayant pour l'eau une avidité extrême; mis au contact des tissus animaux ou végétaux, il les carbonise en s'hydratant; il est donc très dangereux à manier. Combiné avec la potasse, la chaux ou les oxydes métalliques, il donne les *sulfates*, dont le maniement n'offre aucun danger.

Acide tartrique. — (Carbone, hydrogène, oxygène.) — Solide, blanc, soluble dans l'eau, à saveur très acide. Il existe dans le vin à l'état libre et aussi sous forme de tartrate de potasse. La *lie de vin* est constituée par du tartrate de chaux mélangé de diverses impuretés. Non vénéneux.

Acide phénique ou **Phénol.** — (Carbone, hydrogène, oxygène.) — En général liquide incolore ou brun, peu soluble dans l'eau, mais soluble dans l'alcool étendu. Il possède une odeur très forte et des propriétés caustiques assez énergiques qui en font un désinfectant et un antiseptique puissant. Il est vénéneux.

Acide salicylique. — (Carbone, hydrogène, oxygène.) — Soluble, antiseptique assez puissant. Il a été employé seul ou combiné à la soude (salicylate de soude) pour le mutage des vins blancs, mais son action sur l'organisme humain n'est pas sans danger et on proscrit l'usage pour le traitement des vins.

Air atmosphérique. — (Mélange d'azote et d'oxygène.) — (Voir chapitre Ier.)

Alcool ordinaire. — (Carbone, hydrogène, oxygène.) — Appelé *esprit de vin*. Liquide incolore, volatil, de saveur brûlante, brûle avec une flamme pâle, en dégageant de la vapeur d'eau et de l'acide carbonique. On l'obtient par la distillation convenablement pratiquée des liquides, vins, bières, cidres, etc., qui le contiennent mélangé à beaucoup d'eau et à divers principes. Ces liquides proviennent de la *fermentation alcoolique* des dissolutions aqueuses de matières sucrées, c'est-à-dire du dédoublement de ces matières en acide carbonique et alcool sous l'action d'un ferment particulier. Le *degré* commercial d'un alcool, d'une eau-de-vie, d'un vin ou d'un liquide alcoolique quelconque, indique la proportion de litres d'alcool pur qui existe dans 100 litres de ce liquide.

Alumine. — (Oxygène, aluminium). — Matière blanche, légère, insoluble, qui, combinée avec la silice et une certaine dose d'eau, forme l'argile ; elle existe à l'état de combinaison dans un grand nombre de roches naturelles.

Ammoniaque. — (Azote, hydrogène). — Gaz incolore plus léger que l'air, très soluble dans l'eau. On désigne habituellement sous ce nom et sous le nom vulgaire d'*alcali* *volatil* la dissolution aqueuse de ce gaz ; c'est un liquide incolore, qui dégage une odeur très vive et provoque le larmoiement. Il est très caustique, ce qui le fait employer contre les piqûres d'insectes et les morsures de vipère. Il se combine énergiquement avec les acides et donne ainsi les sels ammoniacaux solides, en général peu odorants. L'ammoniaque ajoutée en excès à une dissolution de sulfate de cuivre y détermine d'abord la formation d'un précipité solide d'oxyde de cuivre, puis redissout cet oxyde en donnant l'*eau céleste* bleue, qu'on emploie fréquemment pour combattre le mildew de la vigne.

Azote. — Gaz simple incolore, inodore, qui n'entretient ni la respiration ni les combustions. Forme la plus grande partie de l'air atmosphérique, et entre dans la constitution de la plupart des tissus vivants en même temps que le carbone, l'hydrogène et l'oxygène. (Voir chapitre Ier.)

Carbonate d'ammoniaque. — (Acide carbonique, ammoniaque, eau.) — Solide, blanc, soluble, dégageant une forte odeur ammoniacale. Il possède des propriétés caustiques assez marquées.

Carbonate de chaux ou **Calcaire.** — (Acide carbonique, chaux.) — Solide, blanc quand il est pur, insoluble dans l'eau pure, un peu soluble dans l'eau chargée d'acide carbonique; les dissolutions acides le détruisent avec effervescence due à l'acide carbonique dégagé. Il est très répandu dans la nature sous le nom de *calcaire* ; les *marbres* sont du calcaire cristallin ; la *craie* est un calcaire amorphe de faible dureté; le *blanc d'Espagne* est du calcaire pulvérulent blanc, qu'on emploie quelquefois pour saturer les acides libres trop abondants dans le vin.

Carbonate de potasse. — (Acide carbonique, potasse). — Désigné souvent sous le nom de *potasse.* Solide blanc, soluble, très alcalin et caustique. Les acides solubles en dégagent l'acide carbonique. La *potasse brute* du commerce est un mélange de ce sel avec diverses impuretés. Il forme la partie active soluble des cendres de bois. Avec les matières grasses, il fournit des savons solubles.

Carbonate de soude. — (Acide carbonique, soude, eau). — Désigné sous le nom de *cristaux de soude.* Sel incolore soluble, tombant en poussière dans l'air sec. Saveur et réaction caustiques : il agit sur les corps gras pour donner des *savons* solubles dans l'eau ; de là son emploi pour le dégraissage. La *soude ordinaire* n'est autre chose qu'un carbonate de soude impur, et moins riche en eau.

Carbone. — Corps simple solide, infusible, insoluble, qui entre dans la constitution de toutes les matières organiques et forme la majeure partie des *charbons*, qui sont, du reste, dans tous les cas, d'origine organique. Le *diamant*, la *plombagine* ou *graphite* sont du carbone à peu près pur. Le noir de fumée, l'anthracite, le charbon de bois, le coke, la houille, le lignite, et même la tourbe, sont des charbons de richesse décroissante en carbone.

Le carbone brûle en dégageant de l'acide carbonique, et peut aussi produire du gaz oxyde de carbone, si l'air lui arrive en quantité trop petite.

Chaux. — (Oxygène, calcium). — Solide blanc ou grisâtre, qu'on appelle *chaux vive*, qui absorbe rapidement l'humidité et l'acide carbonique de l'air, et se transforme finalement en calcaire. Au contact de l'eau, elle dégage beaucoup de chaleur, et se combine à l'eau pour donner une matière plus volumineuse, nommée *chaux éteinte*, peu soluble dans l'eau, à réaction très caustique. La chaux éteinte absorbe assez promptement l'acide carbonique de l'air, et se change en carbonate de chaux insoluble. La chaux se combine aux acides en donnant des sels très stables.

Chlore. — Gaz simple, jaune verdâtre, assez soluble, plus lourd que l'air, d'une odeur suffocante : il est dangereux à respirer. Il se combine aisément avec l'hydrogène pour donner de l'acide chlorhydrique, et tend à s'emparer de l'hydrogène des matières organiques, qu'il détruit ainsi plus ou moins ; de là son pouvoir décolorant et désinfectant.

Chlorure de chaux. — (Chlore, chaux). — Solide blanc très usité comme désinfectant parce qu'il dégage du chlore, lentement sous l'action de l'acide carbonique de l'air, énergiquement quand on y verse de l'acide chlorhydrique ou du vinaigre.

Chlorure de potassium. — (Chlore, potassium). — Sel cristallisé, incolore, très soluble, inodore et non caustique, attire l'humidité de l'air.

Chlorure de sodium. — (Chlore, sodium). — Nommé *sel marin, sel gemme, sel de cuisine.* Propriétés connues.

Chlorure de zinc. — (Chlore, zinc). — Les dissolutions incolores de ce sel sont fréquemment employées comme désinfectant des fosses d'aisance. Vénéneux.

Cuivre. — Métal simple rouge. A l'air humide, il s'altère très lentement en fixant de l'oxygène, de l'acide carbonique et de l'eau, et donne le *vert de gris.* L'altération est beaucoup plus rapide à l'air en présence de l'ammoniaque, des acides, des matières grasses : les produits verts ou bleus ainsi formés sont vénéneux. Le *laiton* ou *cuivre jaune* est un alliage de zinc et de cuivre. Le *bronze* est un alliage à proportions variables de cuivre et d'étain renfermant souvent un peu de zinc. Le laiton et le bronze sont un peu moins altérables que le cuivre rouge.

Eau. — (Hydrogène, oxygène). — L'eau pure s'obtient par la distillation des eaux naturelles qui sont un mélange d'eau pure avec de petites proportions de matières salines. Une eau *potable* doit être limpide, aérée, inodore; elle doit, quand on l'évapore, laisser un léger résidu solide contenant du calcaire : il ne faut pas qu'elle renferme de matières organiques.

Eau régale. — Mélange d'acide nitrique et d'acide chlorhydrique, plus actif que chacun d'eux, et capable de dissoudre même l'or; usité fréquemment dans l'analyse chimique des sols.

Fer. — Métal simple grisâtre. A l'air humide, il subit une altération profonde, parfois assez rapide, et se change en oxyde hydraté, nommé *rouille*, non vénéneux. Pour éviter cet effet, on empêche l'accès de l'air, en recouvrant le fer de peintures ou de minces couches métalliques. Le *fer blanc* est de la tôle de fer, recouverte d'une pellicule d'étain : l'altération du fer blanc est lente à se produire, mais progresse rapidement quand elle a commencé. Le *fer galvanisé* est du fer recouvert de zinc; l'altération n'est que superficielle, et va très lentement, mais son emploi serait dangereux pour les vases culinaires.

L'*acier* et la *fonte* sont du fer associé à de petites quantités de carbone : leur oxydation va un peu moins vite que celle du fer.

Glycérine. — (Carbone, hydrogène, oxygène). — Liquide incolore, soluble, de saveur sucrée, base de toutes les matières grasses, se forme en petite quantité pendant la fermentation alcoolique. L'addition de glycérine au vin est une falsification quelquefois pratiquée sous le nom de *Scheelisage*.

Hydrogène. — Gaz simple, le plus léger de tous les corps : sa densité est quatorze fois et demie plus petite que celle de l'air. Partie constituante de l'eau et de *toutes* les matières organiques, il brûle avec une flamme très chaude en se transformant en eau.

Hydrogènes carbonés ou **carbures d'hydrogène** (carbone, hydrogène). — Corps très nombreux qui dérivent tous des matières organiques; ils sont tous combustibles et brûlent habituellement avec une flamme éclairante en donnant de l'eau et de l'acide carbonique; ils sont insolubles dans l'eau, et un grand nombre sont assez vénéneux. Comme carbure gazeux, nous citerons le *gaz des marais* ou *grisou :* comme liquides, les *pétroles,* la *benzine,* l'*essence de térébenthine*; comme solides, la *paraffine* et la *naphtaline*.

Hydrogène sulfuré (voir *Acide sulfhydrique*).

Magnésie (magnésium, oxygène). — Solide blanc insoluble; se combine avec les acides pour donner les sels de magnésie. (Voir *Sulfate de magnésie*.)

Matières grasses (carbone, hydrogène, oxygène). — Principes solides ou liquides, dont le mélange forme les graisses, le beurre, les huiles. Ce sont des combinaisons de glycérine avec des acides organiques spéciaux nommés *acides gras* (carbone, hydrogène, oxygène). L'industrie isole ces derniers et les utilise directement pour former les *bougies stéariques,* ou bien les combine avec de la soude pour produire des *savons*.

Nitrate de potasse ou **azotate de potasse** (acide nitrique, potasse). — Appelé vulgairement *salpêtre* ou *sel de nitre*. Cristaux incolores, solubles, de saveur fraîche, peu altérables à l'humidité, peu vénéneux. Projeté sur des charbons ardents, il fuse en activant beaucoup leur combustion. Il forme un des éléments de la poudre de chasse et de la poudre à canon.

Nitrate de soude ou **azotate de soude** (acide nitrique, soude). — Propriétés semblables à celles du nitrate de potasse; mais il attire l'humidité.

Oxyde de carbone (carbone, oxygène). — Gaz incolore, inodore, combustible, qui se forme dans la combustion du charbon quand l'accès de l'air n'est pas très facile au travers de la masse incandescente. Il est extrêmement vénéneux et est presque toujours la cause des asphyxies produites par le charbon dans une atmosphère confinée.

Oxygène. — Gaz simple, agent actif de toutes les combustions et de la respiration. (Voir chapitre Ier.)

Phosphate ammoniaco-magnésien (acide phosphorique, magnésie, ammoniaque, eau). — Sel cristallin incolore ou jaunâtre, très peu soluble, qui abandonne assez facilement de l'ammoniaque et de l'eau.

Phosphates de chaux (acide phosphorique, chaux, avec ou sans eau). — Il en existe trois différents : l'un, soluble dans l'eau, est nommé *phosphate monocalcique;* le deuxième, insoluble dans l'eau, mais soluble dans la dissolution de citrate d'ammoniaque, contient moitié moins d'eau que le premier, mais deux fois plus de chaux, c'est le *phosphate bicalcique;* le troisième, insoluble dans l'eau et dans le citrate d'ammoniaque, ne renferme pas d'eau, mais a une teneur en chaux triple du premier, c'est le *phosphate tricalcique* ou *phosphate des os*. Tous les trois sont solubles dans les acides minéraux concentrés.

Phosphore. — Corps simple qui existe sous deux états très différents. Le phosphore ordinaire est solide, blanc jaunâtre, insoluble dans l'eau, très inflammable par le frottement ou par un léger échauffement, par suite dangereux à manier; on doit le conserver sous l'eau. Il est employé dans la fabrication des allumettes ordinaires. Il est extrêmement vénéneux.

Le *phosphore rouge* ou *amorphe* est beaucoup moins dangereux, parce qu'il n'est pas vénéneux, et est beaucoup moins inflammable. Il sert de base aux allumettes dites *de sûreté.*

Le phosphore, en brûlant, se change en acide phosphorique.

Plomb. — Métal simple gris bleuâtre, très lourd et facile à fondre. L'oxygène et l'acide carbonique de l'air humide ne l'altèrent qu'à la surface. En présence des acides et des matières grasses, il s'altère beaucoup plus vite en donnant des produits très vénéneux.

Savons (carbone, hydrogène, oxygène; potasse ou soude). — Matières plus ou moins molles qu'on obtient par la combinaison des acides gras, issus des matières grasses, avec la soude et quelquefois avec la potasse.

Silice (silicium, oxygène). — Solide insoluble, inattaquable par les acides, qui forme le *quartz*, les *silex*. Combinée avec l'alumine, la potasse, la chaux, la magnésie, la soude, la silice donne des *silicates* qui sont une partie très importante des roches anciennes et sédimentaires.

Soufre. — Corps simple solide, jaune, insoluble dans l'eau, fond au-dessus de 100 degrés, s'enflamme à une température plus haute en dégageant de l'acide sulfureux. On utilise cette dernière propriété pour le soufrage des tonneaux et le mutage des vins blancs. Il est très employé en viticulture pour combattre l'oïdium et doit à cet effet être appliqué en poudre très fine. La *fleur de soufre* (ou *soufre sublimé*), qui est composée de vésicules très petites provenant de la condensation brusque de la vapeur de soufre, convient mieux pour cet usage que le *soufre trituré*. Le soufre est employé à la fabrication des allumettes et de la poudre.

Sucres (carbone, hydrogène, oxygène). — Matières solides blanches, solubles, de saveur caractéristique, qui peuvent être dédoublées par une forte chaleur en carbone et eau. Ils proviennent habituellement des fruits, des racines ou des tiges végétales. La plupart des sucres sont susceptibles de *fermenter* en dissolution, c'est-à-dire de se dédoubler en alcool et acide carbonique sous l'influence de la levûre de bière ou de ferments voisins. Le *sucre de raisin*, le *glucose* peuvent entrer de suite en fermentation. Le *sucre ordinaire* (issu des cannes ou des betteraves) ne peut fermenter qu'après avoir été interverti, c'est-à-dire après avoir subi un changement chimique, qui peut être réalisé rapidement en faisant bouillir quelque temps la dissolution avec un peu d'acide sulfurique ou d'acide tartrique.

Sulfate d'ammoniaque (ammoniaque, eau, acide sulfurique). — Cristaux blancs ou diversement colorés par des impuretés, solubles, dégagent leur ammoniaque au contact de la chaux vive ou éteinte.

Sulfate de chaux (chaux, acide sulfurique). — C'est le *plâtre*. Solide blanc, peu soluble dans l'eau. Avec l'eau, il donne une pâte qui durcit par suite de la formation d'une combinaison cristalline de plâtre et d'eau. La *pierre à plâtre* ou *gypse* est du sulfate de chaux hydraté. Les eaux qui ont dissous du plâtre ne sont pas potables. Le plâtre est utilisé fréquemment pour le traitement des vins.

Sulfate de cuivre ou *vitriol bleu* (acide sulfurique, eau, oxyde de cuivre). — Cristaux bleus, solubles en un liquide bleu, vénéneux. Il possède des propriétés antiseptiques très actives, qu'on utilise dans le *chaulage des blés*, l'*injection* des bois et des ligatures végétales employées en culture. Il sert de base aux traitements institués contre le *mildew* de la vigne. Les préparations les plus usitées sont la *bouillie bordelaise*, obtenue par l'action de la chaux éteinte sur une dissolution de sulfate ; il se forme ainsi du sulfate de chaux et de l'oxyde de cuivre bleuâtre, solide, qui restent mélangés à l'excès de chaux ; l'*eau céleste*, obtenue en ajoutant à la solution de sulfate de cuivre un excès d'ammoniaque, de manière à redissoudre en un beau liquide bleu l'oxyde d'abord précipité à l'état solide : la *bouillie bourguignonne*, préparée en mélangeant des dissolutions de sulfate de cuivre et de carbonate de soude : il se précipite alors du carbonate de cuivre solide bleu.

Sulfate de fer ou *vitriol vert* (acide sulfurique, oxyde de fer, eau). — Cristaux solubles vert pâle, qui s'oxydent à l'air en prenant une couleur ocreuse, non vénéneux, mais de saveur très désagréable. Ses dissolutions sont employées comme désinfectant des fosses d'aisance et pour le traitement de la chlorose et de l'antracnose des vignes.

Sulfate de potasse (acide sulfurique, potasse). — Cristaux incolores, solubles, inaltérables à l'air, non caustiques, un peu vénéneux.

Sulfate de zinc ou *vitriol blanc* (acide sulfurique, oxyde de zinc, eau). — Cristaux incolores ou ocreux, vénéneux, dont la dissolution est utilisée comme désinfectant.

Sulfure de carbone (carbone, soufre). — Liquide incolore, très volatil et très inflammable, d'une odeur désagréable, dangereux à manier à cause de son inflammabilité. L'inhalation prolongée de sa vapeur peut produire des troubles assez graves dans l'organisme. Il est peu soluble dans l'eau. On s'en est servi pour combattre le *phylloxera* de la vigne; on emploie aussi sa dissolution aqueuse ou les *sulfocarbonates*, combinaisons solubles qu'il forme avec les sulfures de potassium, de sodium, etc.

Zinc. — Métal simple, gris, cassant, combustible à haute température; l'air humide attaque très lentement sa surface et le recouvre d'une mince couche blanchâtre. Les acides, les matières grasses et salines, l'attaquent assez rapidement en donnant des sels vénéneux. Aussi doit-on l'écarter d'une manière absolue pour la confection des vases qui servent à la cuisine et à la manipulation des vins.

TABLE DES MATIÈRES

NOTES.

Toulouse, Imp. DOULADOURE-PRIVAT, rue St-Rome, 39. — 7466

EN VENTE A LA MÊME LIBRAIRIE

Le Livre de la Ferme et des Maisons de campagne, publié sous la direction de M. P. JOIGNEAU, par une réunion d'agronomes. 4e édition entièrement refondue; 2 volumes grand in-8o, avec 2,690 figures dans le texte. **32 »**

Les Engrais, par le Dr Em. WOLFF, traduit sur la 10e édition allemande, par Ad. DAMSEAUX, professeur à l'Institut agricole de Gembloux; 1 volume in-18. **3 50**

Traité de Chimie analytique appliquée à l'agriculture. par M. Eug. PÉLIGOT, membre de l'Institut, professeur à l'Institut agronomique; 1 volume in-8o, avec 43 fig. **10 »**

M. Georges Ville et la Belgique agricole. — Conférences données à Bruxelles à la demande de la Société royale centrale d'agriculture. Edition publiée par L. DUMONT, agriculteur à Chassart; 1 volume in 18, avec figures. **2 »**

Le Propriétaire devant sa ferme délaissée. — Conférences données à Bruxelles, par M. Georges VILLE, professeur au Muséum d'histoire naturelle. 3e édition; 1 vol. in-18, avec figures. **2 »**

Annales agronomiques, publiées depuis 1875, sous les auspices du Ministère de l'agriculture et du commerce (Direction de l'agriculture), par M. P.-P. DEHÉRAIN, professeur de physiologie végétale au Muséum d'histoire naturelle et de chimie agricole à l'Ecole d'agriculture de Grignon. Elles paraissent le 25 de chaque mois depuis 1875 et forment chaque année un vol. grand in-8o.

PRIX DE L'ABONNEMENT ANNUEL :

Paris et Départements .... 18 fr
Union postale.. 21 fr.

Journal de l'Agriculture, de la Ferme et des Maisons de campagne, de l'économie rurale et de l'horticulture, fondé par M. J.-A. BARRAL. Rédacteur en chef : Henry SAGNIER.

Le *Journal de l'Agriculture* paraît tous les samedis en un numéro de 52 pages grand in-8o. Il forme par semestre 1 volume de 500 à 600 pages, avec nombreuses figures dans le texte.

PRIX DE L'ABONNEMENT ANNUEL :

Paris et Départements.................................. 20 fr
Union postale. .... 22 fr.

Toulouse, Imp. DOULADOURE-PRIVAT, rue St-Rome, 39. — 7166

VI.

HISTOIRE D'ALLEMAGNE

LES EMPEREURS

DU XIVe SIÈCLE

HABSBOURG & LUXEMBOURG

PRINCIPAUTÉS, SEIGNEURIES, VILLES, LIGUES

LA SAINTE VEHME ET LA BULLE D'OR

PAR

JULES ZELLER

Membre de l'Institut.

PARIS

LIBRAIRIE ACADÉMIQUE DIDIER

PERRIN ET Cie, LIBRAIRES-ÉDITEURS

35, QUAI DES GRANDS-AUGUSTINS 35

www.ingramcontent.com/pod-product-compliance
Ingram Content Group UK Ltd.
Pitfield, Milton Keynes, MK11 3LW, UK
UKHW020131220726
13923UKWH00001B/109

9 782019 231965